おもな加工食品とその原料

矢印の部分が，本書で学んでいく「食品加工学」の分野である．

豚 → ハム

乳牛 / 生乳 → チーズ（写真提供：雪印乳業㈱）

かつお → かつお節（写真提供：㈱にんべん）

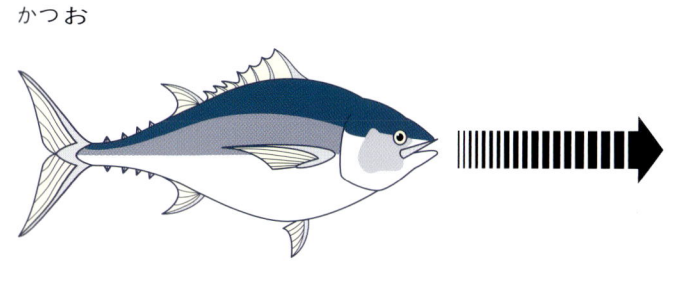

濃口しょうゆ（原料は，左上から時計回りの順に，小麦，こうじかび，食塩，大豆，写真提供：キッコーマン㈱）

さまざまな加工食品

①〜⑦:ドイツ,ハンブルクのスーパーマーケットの売り場,⑤はイースター(復活祭)に用意された卵,
⑧:イラク,バグダッドの香辛料売り場.

新 食品・栄養科学シリーズ　ガイドライン準拠

食品加工学

食べ物と健康❸

西村公雄 ■ 松井徳光　編

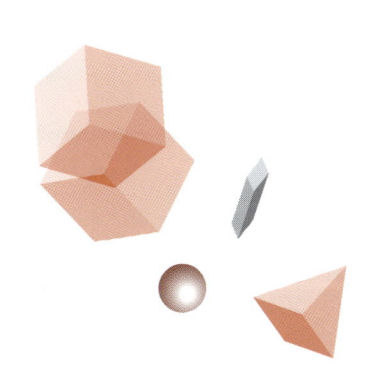

第2版

化学同人

編集委員

西村公雄（同志社女子大学生活科学部特任教授）
松井徳光（武庫川女子大学食物栄養科学部教授）

執 筆 者

松井徳光	（武庫川女子大学食物栄養科学部教授）	1章，5章，6章，8章，11章
瀬口正晴	（神戸女子大学名誉教授）	2章，6章，8章
八田　一	（京都女子大学家政学部教授）	3章，8章，9章
西村公雄	（同志社女子大学生活科学部特任教授）	4章，8章，10章
島田和子	（山口県立大学名誉教授）	6章，7章

(執筆順)

新 食品・栄養科学シリーズ
企画・編集委員

坂口守彦（京都大学名誉教授）
成田宏史（京都栄養医療専門学校管理栄養士科教授）
西川善之（元 甲子園大学栄養学部教授）
森　孝夫（前 武庫川女子大学生活環境学部教授）
森田潤司（同志社女子大学名誉教授）
山本義和（神戸女学院大学名誉教授）

(五十音順)

はじめに

　にんべんに動と書くと,「働く」という文字になります．古代中国では，人が動くことは，レジャーやスポーツをすることではなく，生産活動を意味するものでした．当時は，四六時中，狩りや釣りそして農作業にいそしまないと生きてゆく上での必要最小限な糧を得ることが難しかったのでしょう．そういう環境が,「働く」という文字を生み出したようです．でも，なぜ，昔の人は，それほど「働か」ねばならなかったのでしょうか．

　その大きな原因の1つには，狩猟や漁獲，農耕に使用できる技術が幼く，生産性が低かったことがあげられます．また，狩猟期，漁獲期，収穫期が1年の中で限られており，その時は，大きな果実を手にすることができたとしても，その糧をながらく保存する技術に乏しく，長期にわたって安定的に利用できなかったこともあげられるでしょう．

　生き抜くために，私たちの先人は，大量に確保できた自然の恵みを加工し，長期間の貯蔵を可能とすべく，知恵を絞ってきました．また，その過程で食品をおいしくするすべも体得してきました．その集大成が，私たちが市場で目にする数々の加工食品です．

　本書は，管理栄養士・栄養士を目指す人たちを対象に，加工食品に詰め込まれた先人の知恵を「わかりやすく」，また，「管理栄養士国家試験のガイドライン」に沿った形で解説する書として，2003年に第1版が刊行されました．かこみ記事やトピックスを適宜掲載し，理解しやすい言葉を選んでの解説，図解された加工方法や2色刷で示された加工の原理や重要用語はわかりやすいと，さまざまな管理栄養士・栄養士養成校の教科書に採用されてきました．

　しかし，初版より10年近くの時が過ぎ，取り巻く環境の変化や管理栄養士国家試験の傾向に追いつけていない箇所が散見されるようになり，この度，全面的に改定することにしました．もちろん「わかりやすく」に徹したスタンスを変えることなく，新たな知識を書き加え加工食品に関連する項目をすべて網羅した構成となっています．各章末に設けた練習問題は，過去5年間の管理栄養士国家試験問題を中心に取り上げており，国家試験対策にも十分対応できるものとなっています．また，管理栄養士・栄養士を目指す人だけでなく，食品衛生管理者・食品衛生監視員を目指す人たちにも最適な内容となるよう企画されています．

　最後に，本書が，第1版以上に，各所で活用されることを期待するとともに，多忙ななか，本書の執筆に当たられた各執筆者，また，出版にご尽力頂きました化学同人の山本富士子氏に厚く感謝申し上げます．

2012年2月

執筆者を代表して
西村公雄・松井德光

新 食品・栄養科学シリーズ——刊行にあたって

　今日，生活構造や生活環境が著しく変化し，食品は世界中から輸入されるようになり，われわれの食生活は多様化し，複雑化してきた．また，近年，がん，循環器病，糖尿病などといった生活習慣病の増加が健康面での大きな課題となっている．生活習慣病の発症と進行の防止には生活習慣の改善，とりわけ食生活の改善が重要とされる．

　食生活は，地球環境保全や資源有効利用の観点からも見直されなければならない．われわれの食行動や食生活は直接的・間接的に地球の資源や環境に影響を与えており，ひいては食料生産や食品汚染などさまざまな問題と関係して，われわれの健康や健全な食生活に影響してくるからである．

　健康を保持・増進し，疾病を予防するためには，各人がそれぞれの生活習慣，とりわけ食生活を見直して生活の質を向上させていくことが必要であり，そのためには誰もが食品，食物，栄養に関する正しい知識をもつことが不可欠である．

　こうした背景のなかで栄養士法の一部が改正され，2002(平成14)年4月より施行された．これは生活習慣病など国民の健康課題に対応するため，また少子高齢化社会における健康保持増進の担い手として栄養士・管理栄養士の役割が重要と認識されたためである．

　とりわけ管理栄養士には，保健・医療・福祉・介護などの各領域チームの一員として，栄養管理に参画し業務を円滑に遂行するため，また個人の健康・栄養状態に応じた栄養指導を行うために，より高度な専門知識や技能の修得とともに優れた見識と豊かな人間性を備えていることが要求されている．栄養士・管理栄養士養成施設では，時代の要請に応じて，そうした人材の養成に努めねばならない．

　こうした要求に応えるべく，「食品・栄養科学シリーズ」を改編・改訂し，改正栄養士法の新カリキュラムの目標に対応した「新 食品・栄養科学シリーズ」を出版することとした．このシリーズは，構成と内容は改正栄養士法の新カリキュラムならびに栄養改善学会が提案している管理栄養士養成課程におけるモデルコアカリキュラムに沿い，管理栄養士国家試験出題基準(ガイドライン)に準拠したものとし，四年制大学および短期大学で栄養士・管理栄養士をめざす学生，および食品学，栄養学，調理学を専攻する学生を対象とした教科書・参考書として編集されている．執筆者はいずれも栄養士・管理栄養士の養成に長年実際に携わってこられた先生方にお願いした．内容的にはレベルを落とすことなく，かつ各分野の十分な知識を学習できるように構成されている．したがって，各項目の取り上げ方については，教科担当の先生方で授業時間数なども勘案して適宜斟酌できるようになっている．

　このシリーズが21世紀に活躍していく栄養士・管理栄養士の養成に活用され，また食に関心のある方々の学びの手助けとなれば幸いである．

新 食品・栄養科学シリーズ
企画・編集委員

食品加工学
目 次

1 序論
1.1 食品生産と栄養 … 1
1.2 食生活と食品加工学 … 1
1.3 食品加工の目的 … 3

2 農産食品の加工
2.1 穀類 … 5
　（1）米 … 5
　（2）小麦 … 7
　（3）とうもろこし（コーン，メーズ） … 12
　（4）雑穀 … 12
2.2 豆類 … 13
　（1）大豆 … 13
2.3 いも類 … 16
　（1）でんぷん … 16
　（2）こんにゃく … 16
　（3）その他の加工品 … 16
2.4 野菜類 … 17
　（1）漬けもの … 17
　（2）乾燥野菜 … 18
　（3）その他の加工品 … 18
2.5 果実類 … 20
　（1）ジャム類 … 20
　（2）果実飲料 … 20
　（3）果実缶詰 … 21
　（4）乾燥果実 … 21
　（5）さわしがき … 22
　（6）果実酒 … 22
2.6 きのこ類 … 22
練習問題 … 23

3 畜産食品の加工
3.1 畜肉類 … 25
　（1）食肉とその調製 … 25
　（2）食肉加工法の特徴 … 25
　（3）ハム類 … 27
　（4）ベーコン類 … 27
　（5）ソーセージ … 28
　（6）プレスハム … 28
　（7）熟成ハム類，熟成ベーコン類，熟成ソーセージ類 … 28
　（8）ハンバーガーパティなど … 30
　（9）食肉缶詰，乾燥肉 … 30

3.2　乳類 ……………………………………………………………………………………… 30

- （1）飲用牛乳と乳製品 …………… 30
- （2）乳加工法の特徴 ……………… 30
- （3）牛乳 …………………………… 33
- （4）加工乳 ………………………… 33
- （5）乳飲料 ………………………… 34
- （6）練乳 …………………………… 34
- （7）粉乳 …………………………… 34
- （8）発酵乳，乳酸菌飲料 ………… 34
- （9）バター ………………………… 34
- （10）クリーム ……………………… 35
- （11）アイスクリーム ……………… 35
- （12）ナチュラルチーズ …………… 35
- （13）プロセスチーズ ……………… 35

3.3　卵類 ……………………………………………………………………………………… 36

- （1）鶏卵の生産量と用途 ………… 36
- （2）鶏卵加工品と鶏卵製品 ……… 37
- （3）液卵 …………………………… 37
- （4）凍結液卵 ……………………… 38
- （5）乾燥粉末卵 …………………… 38
- （6）殻付き卵製品 ………………… 38
- （7）マイクロ波加工卵 …………… 39
- （8）シート状加工卵 ……………… 39
- （9）インスタント卵スープ ……… 39
- （10）ロールエッグ（ロングエッグ）… 39
- （11）卵豆腐 ………………………… 40
- （12）マヨネーズ …………………… 40

コラム●黄身返し卵の調理科学　39

練習問題 …………………………………………………………………………………………… 41

4　水産食品の加工

4.1　水産食品の特性 ……………………………………………………………………………… 43

4.2　水産冷凍品 ………………………………………………………………………………… 43

- （1）水産物の冷凍 ………………… 44
- （2）凍結貯蔵中の品質の変化 …… 45
- （3）解凍 …………………………… 46

4.3　水産乾燥品 ………………………………………………………………………………… 46

- （1）素干し ………………………… 47
- （2）塩干し ………………………… 47
- （3）煮干し ………………………… 47
- （4）焼干し ………………………… 47
- （5）節類 …………………………… 47

4.4　水産練り製品 ……………………………………………………………………………… 48

- （1）製造原理 ……………………… 48
- （2）原料魚 ………………………… 48
- （3）かまぼこ ……………………… 49
- （4）ちくわ ………………………… 50
- （5）はんぺん ……………………… 50
- （6）魚肉ソーセージ ……………… 50
- （7）かに風味かまぼこ …………… 51

4.5　水産塩蔵品 ………………………………………………………………………………… 51

- （1）塩蔵魚類 ……………………… 51
- （2）魚卵 …………………………… 52
- （3）塩辛 …………………………… 52

CONTENTS

4.6 調味加工食品 ... 53
(1) 魚醤油 ... 53
(2) つくだ煮 ... 53
(3) みりん干し, 魚せんべい, さきいか ... 53
(4) 水産漬けもの ... 53

4.7 水産缶詰 ... 53

4.8 水産燻製品 ... 54

4.9 海藻加工品 ... 55
(1) 昆布 ... 55
(2) わかめ ... 55
(3) のり ... 56
(4) 寒天 ... 56

4.10 その他の水産加工品 ... 56

コラム ● 加熱殺菌しない缶詰　54

練習問題 ... 57

5 食用油脂および調味食品

5.1 食用油脂 ... 59
(1) 植物油脂 ... 59
(2) 動物油脂 ... 60
(3) 加工油脂 ... 61

5.2 調味食品 ... 64
(1) 調味料 ... 64
(2) 甘味料 ... 70
(3) 香辛料 ... 72

練習問題 ... 74

6 嗜好食品およびインスタント食品

6.1 嗜好飲料 ... 77
(1) 茶類 ... 77
(2) コーヒー ... 79
(3) ココア ... 79
(4) 清涼飲料 ... 80

6.2 アルコール飲料 ... 80
(1) 清酒 ... 80
(2) ビール ... 81
(3) ワイン ... 82
(4) 蒸留酒 ... 83
(5) 混成酒（再製酒） ... 83

6.3 菓子類 ... 83
(1) 和菓子の製造 ... 85
(2) 洋菓子の製造 ... 86

6.4 インスタント食品 87
（1）粉末食品 87
（2）乾燥食品 88
（3）濃縮食品 88
（4）レトルト食品 88
（5）缶詰・びん詰食品，冷凍食品 89

練習問題 89

7 食品の加工法

7.1 物理的加工 91
（1）粉砕，磨砕，擂潰 91
（2）搗精（精白） 92
（3）混合，混捏 92
（4）分離 92
（5）ろ過 92
（6）濃縮 93
（7）乾燥，加熱 94
（8）冷凍 95

7.2 化学的加工 96
（1）加水分解反応 96
（2）還元反応 96
（3）コロイド的変化 96
（4）その他の化学的加工による変化 96

7.3 生物的加工 96

練習問題 98

8 食品の保存法

8.1 水分活性の低下と浸透圧による保存 99
（1）水分活性とは 99
（2）乾燥，濃縮 100
（3）塩漬け，砂糖漬け 101

8.2 pH 低下による保存 102
（1）pH と食品の保存 102
（2）酢漬け 102

8.3 低温による保存 103
（1）食品保存における低温の役割 103
（2）凍結法 104
（3）半凍結法 106
（4）冷蔵法（非凍結） 106
（5）コールドチェーン 106

8.4 燻煙による保存 107
（1）燻煙食品 107
（2）食品の燻煙法 107
（3）燻煙成分とその効果 107

8.5 滅菌，除菌，殺菌による保存 108
（1）滅菌と除菌，殺菌 108
（2）缶詰食品，びん詰食品 109
（3）袋詰食品 109

CONTENTS

8.6 食品照射による保存 ……………………………………………………………… 110
（1）放射線 ………………………… 110　　（3）マイクロ波と赤外線 …………… 111
（2）紫外線 ………………………… 111

コラム●電磁波の種類　111

8.7 空気組成の調節による保存 …………………………………………………… 111
（1）CA 貯蔵 ……………………… 111　　（4）ガス置換による貯蔵 …………… 113
（2）MA 包装 ……………………… 112　　（5）吸湿剤や鮮度保持剤使用による貯
（3）減圧貯蔵 ……………………… 113　　　　蔵 ………………………………… 113

8.8 食品添加物による保存 ………………………………………………………… 113

練習問題 ……………………………………………………………………………… 115

9 食品の包装

9.1 食品包装の役割 ………………………………………………………………… 117
（1）食品包装の目的 ……………… 117　　（2）食品包装の定義と分類 ………… 117

9.2 食品の包装材料 ………………………………………………………………… 117
（1）食品包装材料の要件 ………… 117　　（2）食品包装材料 …………………… 118

9.3 各種食品の包装技術 …………………………………………………………… 122
（1）真空包装 ……………………… 122　　（6）冷凍食品の包装 ………………… 123
（2）窒素ガス置換包装 …………… 122　　（7）レトルト食品の包装 …………… 123
（3）炭酸ガス置換包装 …………… 122　　（8）電子レンジ対応食品の包装 …… 124
（4）脱酸素剤封入包装 …………… 123　　（9）カートン包装 …………………… 125
（5）無菌包装・無菌化包装 ……… 123

コラム●容器包装リサイクル法　121

練習問題 ……………………………………………………………………………… 125

10 加工食品の規格と表示制度

10.1 規格，表示の必要性 ………………………………………………………… 127

10.2 規格と表示に関する法律や制度 …………………………………………… 127
（1）農林物資の規格化等に関する法律　　（4）健康増進法 ……………………… 133
　　 …………………………………… 127　　（5）保健機能食品制度 ……………… 133
（2）食品表示法 …………………… 130　　（6）栄養表示基準制度 ……………… 136
（3）食品衛生法 …………………… 133　　（7）その他 …………………………… 137

コラム●食品添加物の表示　132

練習問題 ……………………………………………………………………………… 142

ix

11 加工食品と食品衛生

11.1 加工食品の安全性 ……………………………………… 143
　（1）食品添加物……………………… 144　　（3）組換え食品……………………… 148
　（2）輸入食品………………………… 144
11.2 食中毒 ……………………………………………………… 150
　（1）食中毒発生状況………………… 150　　（2）おもな細菌性食中毒…………… 151
11.3 将来の加工食品における安全性の問題 ……………… 154
　練習問題…………………………………………………………………………………… 155

章末練習問題・解答　156

参考書──もう少し詳しく学びたい人のために　157

索引　159

1 序論

1.1 食品生産と栄養

野菜や果物は季節によって含まれている栄養成分が異なる．つまり，野菜や果物の成分は生産する場所や収穫時期，栽培条件によって大きく変化する．

夏場の露地栽培のきゅうりと冬のハウス栽培のきゅうりでビタミンC含量を比較すると，夏のきゅうりは冬のものに比べてビタミンCを2倍以上含んでいる．栽培条件が異なると野菜の種類によりビタミンC含量は異なる傾向を示すが，無機質含量にはほとんど違いがないといわれている．きゅうりは1年を通して店頭に並んでいるが，季節によって栄養成分にはこのように差がある．

また，サラダなど生で食べるトマトは，ハウス栽培で1年中収穫されている．一方，露地栽培で育てる加工用のトマトは，より多くの日光を浴びるように育てられ，収穫は真夏に限られている．ハウス栽培のトマトは，わずかに色づきはじめた頃に収穫して店頭に並べ，この間に赤みが増してくるが，一方の加工用のトマトは農林水産省の規格で，完熟してからの収穫が定められているため，収穫するのは真っ赤になってからである．トマトは，緑色から赤く熟すに従って，活性酸素を消去する働きを示すリコピンが大幅に増加し，食物繊維やビタミンC，Eなどの成分も増加する．したがって，日光を多く浴びて育ち完熟期に収穫された加工用トマトでは，生食用のトマトに比べてリコピンは約3倍，ビタミンは約2倍，食物繊維は約1.5倍の含量となり，栄養成分が凝縮されている．

このほか，いろいろな生鮮野菜や果物において，グルコースやフルクトースなどの甘味成分，クエン酸などの酸味成分，遊離アミノ酸などのうま味成分は，露地栽培や有機栽培によって多く含まれるといわれている．

リコピン
トマトに含まれる赤い色素「リコピン」は，カロテノイドの一種で，生活習慣病やがんなどの原因となる活性酸素を消去する働きがある．体内ではビタミンEの100倍以上，β-カロテンの2倍以上の効果を示す．リコピンは油に溶ける性質をもち熱にも強いため，油と一緒にとると吸収率が高まり，炒め物，煮物に調理しても成分が変化しにくい．

1.2 食生活と食品加工学

古代から人類は，生存のために安定した食生活を求めてきた．狩猟・採集の時代では，人びとは野生の動物や植物を採り，その日暮らしの生活を送っていた．農耕・牧畜を始めるようになっても，人びとは食べ物を獲得するために1

日のほとんどの時間を費やさなければならなかった．牛や豚，羊を育て，穀類や豆類，いも類を栽培するなど，食物が獲得できるようになったが，保存性に欠けていたり，収穫が天候などに左右されて，食料供給を維持し安定させるのは困難であった．このような食料不安や問題を解消するために，日々の暮らしの中で保存性が高い米や小麦，豆などを主食とする習慣が始まり，するめ，わかめ，こんぶの乾燥や漬けものなどの塩漬け，さらにワイン，ビール，清酒，食酢，パン，みそ，納豆，チーズ，ヨーグルトのような発酵食品など，いろいろな加工法や保存法が繰り返し試され，伝統食品として受け継がれてきた．

以前は日本においても食料の自給自足が行われていたが，現在は生活様式が大きく変化し，食品の生産者と消費者は明確に区別され，消費者はほしいものをいつでも容易に手に入れることができるようになった．

平成22年度食品産業動態調査(農林水産省)によると，図1.1に示したように，1世帯当たりの食料品・外食支出額構成比では，生鮮食品が低下し，加工食品，調理食品，飲料が上昇している．「加工食品とは，食品に何らかの加工を施したもの」であることから，市販のゆで卵や牛乳も含まれる．つまり，図1.1の加工食品だけではなく，調理食品，飲料，酒類も加工された食品である．また，外食で出される，生鮮品以外のさまざまな加工食品が工場でつくられ，レストランなどで使用されている．加工食品は，法律によって食品表示が義務付けられており，私たちはそれらの情報を活用し，適切に選んで正しく使用することが大切である．

また，加工食品は「一次加工食品」「二次加工食品」および「三次加工食品」に分けられる．一次加工食品とは，農産物・青果物を原料とし，その特性を著しく変えることなく，物理的あるいは微生物的な処理・加工を行った食品である．精米や酒類，みそ，しょうゆ，植物油，漬けものなどである．二次加工食品は，

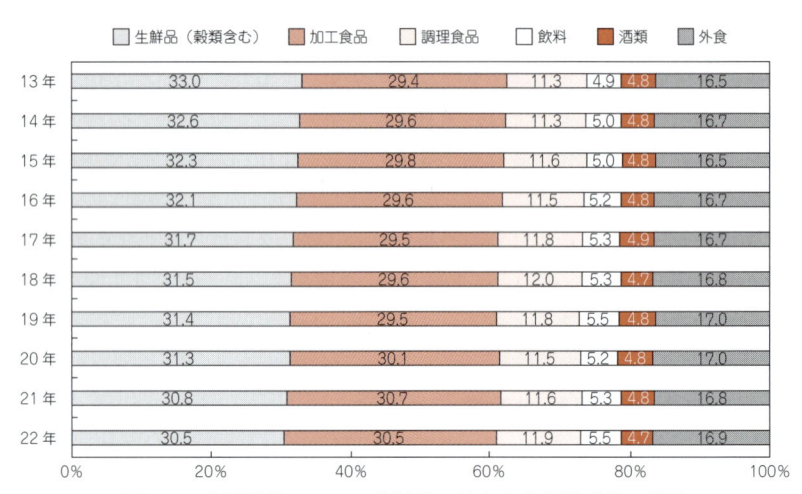

年	生鮮品(穀類含む)	加工食品	調理食品	飲料	酒類	外食
13年	33.0	29.4	11.3	4.9	4.8	16.5
14年	32.6	29.6	11.3	5.0	4.8	16.7
15年	32.3	29.8	11.6	5.0	4.8	16.5
16年	32.1	29.6	11.5	5.2	4.8	16.7
17年	31.7	29.5	11.8	5.3	4.9	16.7
18年	31.5	29.6	12.0	5.3	4.7	16.8
19年	31.4	29.5	11.8	5.5	4.8	17.0
20年	31.3	30.1	11.5	5.2	4.8	17.0
21年	30.8	30.7	11.6	5.3	4.8	16.8
22年	30.5	30.5	11.9	5.5	4.7	16.9

図1.1　家計消費における食料品・外食支出額構成比の推移
資料：総務省「家計調査（2人以上世帯）」．

一次加工で製造された製品を用いて，さらに変化させた加工食品である．パンやめん，マーガリン，ショートニング，マヨネーズ，ソースなどがある．三次加工食品は，「調理加工済食品」ともよばれるもので，一次加工食品や二次加工食品を組み合わせて，さらに異なる形に加工した加工食品である．インスタント食品，冷凍食品，缶詰，練り製品，レトルト食品，コピー食品，惣菜類などがある．

1.3 食品加工の目的

食品加工の目的は，安全性から経済性の向上まで多岐にわたる．

① 安全(衛生)性の向上

生の大豆にはトリプシンインヒビターなどの有害成分が含まれている．加熱操作による解毒が行われている．

食品加工に邪魔な成分を除く，いわゆる水さらしという水産練り製品の加工工程がある．また，変質・腐敗による有害物生成の防止などを目的とした酸化防止剤添加による過酸化脂質生成の抑制や，滅菌・殺菌操作による腐敗や食中毒を引き起こす微生物の増殖抑制などが行われている．

② 保存(貯蔵)性の向上

食品が腐敗したりしないよう，また長期にわたって保存できることは，食品を有効に，しかも安全に利用するためには欠かせない．保存食という形で古来よりさまざまな工夫がなされ，伝統的な発酵食品であるみそ，しょうゆ，漬けものをはじめ，乾燥(するめ，乾燥果実)，冷蔵・冷凍，加熱殺菌，塩蔵(梅干し)，糖蔵(ジャム)，燻煙(燻製品)などの方法，びん詰，缶詰，レトルト食品，真空包装などが開発され，さらに冷凍食品などにも加工技術が利用されている．

③ 栄養性(機能)の向上

米の精白やでんぷんのα化などのように，消化・吸収を高めるため，あるいはビタミン，無機質(ミネラル)，アミノ酸などを強化して栄養的な価値を向上させるために加工される．

④ 嗜好性の向上

食品の機能には二次機能である嗜好性があり，栄養性に劣らず大切な要素である．味(甘味料など)，色(着色料など)，におい(香料など)，食感など，嗜好性に関係する因子を高めるために加工される．

⑤ 利便性の向上

社会の変化に伴い食生活のあり方も変わり，人々のニーズも多様化している．調理の手間を省く調味料・だしの素をはじめ，インスタント食品や調理済み食品，個人用に包装されたポーションパック食品，特定保健用食品など，簡便さを満足させる新しい形の食品が開発されている．

⑥ 経済性の向上

大量生産される加工食品は，製造費をコストダウンさせ，経済性の面で優れ

たものである．

　加工食品の長所ばかりを上げてきたが，欠点がまったくないわけではない．食品の素材，加工方法，保存方法などに関する知識が不足していると，利用頻度が高くなるにつれてエネルギーや脂肪，食塩などの過剰摂取につながったり，栄養バランスを欠いて健康を損ねたり，変質させて廃棄することもある．また，食品には旬というものがあるが，加工食品にはそれがないので，季節感の欠如につながるおそれもある．

　現在，わが国では多くの加工食品がつくられている．米からはせんべい，あられなど，大豆からは豆腐，みそ，しょうゆなど，魚からはかまぼこ，竹輪などが加工されている．加工食品は多種多様化し，その流通も多様に国際的になっている．含まれる栄養成分についての情報も，加工食品ごとに表示されている．これらの情報を活用し，適切に食品を選び活用していくようにしよう．そのためにも加工食品の長所，短所をよく理解し，日常の食生活の中で上手に利用していくことが重要である．

旬（しゅん）

魚介，野菜，果物など，その食品が多く採れ，最もおいしくなる時期である．旬には価格も安くなる．さんまでは秋，たけのこでは春，みかんでは冬がそれぞれ旬であり，出盛り期ともいわれる．

2 農産食品の加工

2.1 穀類
(1) 米

　米はイネ科イネ属の一年生草木の種子であり，小麦，とうもろこしと並んで世界の三大穀類といわれている．米には，米飯にした場合に粘りのある日本型米(ジャポニカ米)と，粘りのないインド型米(インディカ米)の2種類がある．インディカ米はでんぷん中のアミロース含量が高く，一般に外米とよばれる．外米の飯は弾性が大きく，粘着性が少ないため，そのままでは食べにくく，油で調理するピラフのようなご飯ものとして使用される．そのほか，ソフト米菓用に低アミロース米，ピラフやライスヌードルに高アミロース米，香気を添加する香米，色素を利用する着色米，酒米，膨化米向けに大粒米などがある．

(a) 米の組織と精白

　図2.1に玄米の組織図を示した．**精米**(精白米)とは玄米からぬか層や胚芽を除去した米のことで，この操作を精白，あるいは**搗精**という．用いられる精米機は摩擦式精米機と研削式精米機(図2.2)があり，研削式精米機では打抜鉄板と砥石のあいだで搗精される．玄米組織の中でぬか層の占める割合は約6％，胚芽は2～3％で，精米の加工歩留り(使用原料に対する加工品の比率)はふつう90～91％である．図2.3に精米工程を示した．

Plus One Point

搗精の語源
昔は穀類を臼に入れ，杵で搗いて精白したことから，このことばが生まれた．

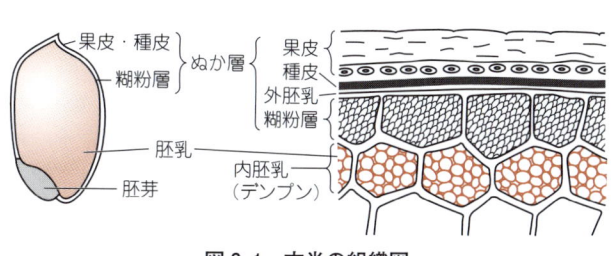

図2.1　玄米の組織図

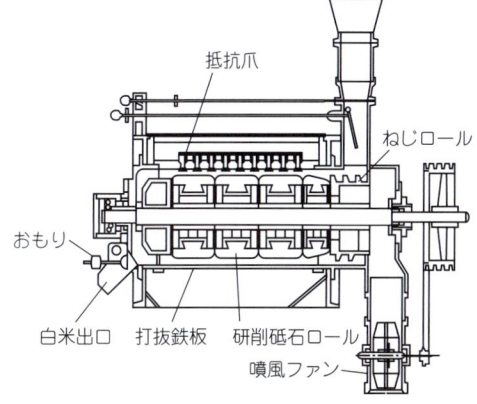

図2.2　横型円筒研削式精米機

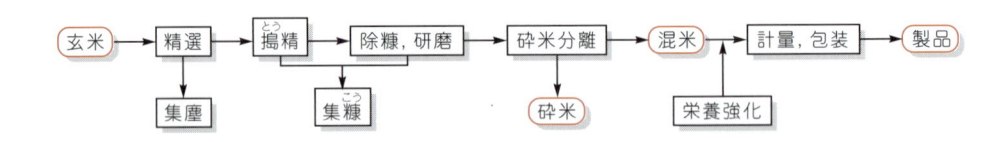

図2.3 精米工程

ぬか層と，胚芽の約70％を除去したものを7分つき精米，50％除去したものを5分つき精米という．これらは精白米と比べて消化吸収率は悪いが，ビタミンB_1含量は精米100g中0.21〜0.25mgと高い．胚芽米は胚芽が精米に多く残るように精米した米のことで，ビタミンB_1含量は精米100g中約0.25mgである．

無洗米は食味の向上，調理の簡易化，水洗による成分流出の軽減と水質汚濁防止のためにつくられた．精白などで生じる砕米は醸造用に用いられる．

（b）米の加工

ⅰ）白玉粉

もち精白米に水を加えながら磨砕し，篩に通した後，乾燥した粉のことで，寒ざらし粉ともいう．

ⅱ）もち粉，求肥粉

もち精白米を水洗，風乾後，製粉したものをもち粉という．そのうち粒度をそろえたものが求肥粉である．

ⅲ）上新粉，上用粉，かるかん粉

上新粉はうるち精白米を製粉したもので，串団子や柏もちに用いられる．さらにふるい分けしたものが上用粉であり，高級和菓子に用いられる．かるかん粉とは，上新粉より粒子の大きい半乾き状のものをいう．

ⅳ）寒梅粉

もち精白米を蒸してもちにし，これを焼き上げ，製粉したものである．

ⅴ）乾し飯，道明寺粉（道明寺種）

乾し飯はもち精白米を蒸してから乾燥したもので，さらにこれを二つ割り，三つ割り程度に砕いたものが道明寺粉（道明寺種）である．桜もちの原料となる．

ⅵ）α化米

デンプンをα化したまま固定し，保存できるようにしたものである．一般に精白米を適量の水とともに100℃以上で炊飯し，80〜130℃で常圧または減圧下で急速に脱水し，水分5％前後に乾燥するとα化米となる．インスタントのめし類，あるいは携帯食として用いられる．

ⅶ）米飯および米飯缶詰

米飯の調理例としては白飯，握り飯，重湯，かゆ，七草がゆ，小豆がゆ，茶がゆ，卵がゆ，チーズがゆ，茶漬け，雑炊，丼飯，炊き込みご飯，混ぜご飯，桜飯，茶飯，五目飯，釜飯，くりご飯，たけのこご飯，まつたけご飯，黄飯，きりたんぽ，焼き飯，カレーライス，ハヤシライス，ピラフ，オムライス，チ

キンライス，ドリア，ちまき，赤飯，すしなどがある．

米飯缶詰には赤飯，五目飯，鶏飯，牛飯，白飯などがある．金属缶の中で30分間炊飯し，巻締め後レトルト内で約112℃，80分間加熱殺菌する．この中では赤飯が最も品質低下が少ない．

viii) レトルト米飯

積層プラスチックフィルムに米，または米飯を入れて，約120℃で高温殺菌した米飯(中心温度120℃，4分間加熱)のことである．赤飯や白飯では透明度の高いパウチやポリプロピレン容器が用いられ，脂肪含量の高いピラフなどでは酸素透過性の低いアルミ積層パウチなどが多く用いられている．

ix) ビーフン

うるち米でつくられためんの一種である．米を粉砕化し，蒸した後，押出し機の孔から高圧で沸騰湯中に押し出してつくる．

x) 米粉パン

当初米粉パンはグルテンの粘弾性を用いてつくられていたが，グルテンを含まない米粉のみからつくられた米粉パンが製造されている．米粉に糊化(α化)した米粉を配合し，配合した米粉の粘りでグルテンの働きの代わりとしている(第7章も参照)．

（2）小麦

図2.4に，小麦の縦と横の断面図を示す．外皮は全体の約13.5％で，ふすまになる部分である．外皮に包まれている内部は胚乳部で約84％を占め，小麦粉となる重要な部分である．先端部には胚芽があり全体の2.5％を占める．

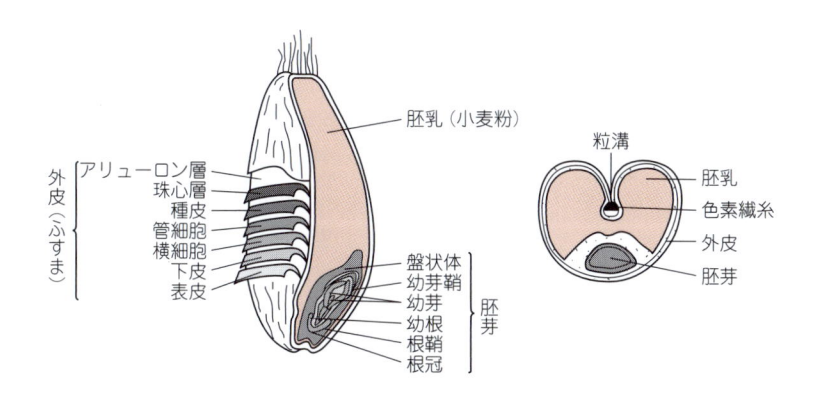

図2.4 小麦の断面図
左：縦断面，右：横断面．

（a）小麦の製粉

小麦は米のように粒のまま食べる(粒食)のではなく，砕いて外皮を分離した後，その胚乳部を粉にして食べる食べ方(粉食)である．粉にする理由として，
① 米は外皮が簡単に「もみ」として分離でき，ぬか層が軟らかく胚乳部が硬いためそのまま外側から削ることができる．それに比べ，小麦は外皮が硬く，胚乳部に強く密着していて容易に分離しにくい．さらに胚乳部が軟らかいた

グルテン
小麦粉を水で練ってドウの固まりをつくり,何回か水で洗浄すると,でんぷんは水中に流出して,グルテンだけのゴム状の固まりが残る.これを乾燥させると,活性グルテンとなる(p.12参照).

めにこれを砕いて粉状とし,砕けにくい外皮を除いて小麦粉とするほうが利用しやすい.この工程を<u>製粉</u>という.
② 小麦貯蔵たんぱく質の<u>グルテン</u>は,粉に水を加えて練ってはじめて形成されるものであるため,まず粉体にしなければならない.
③ 小麦粒には中心部に粒溝があり,この溝の中の外皮は取れにくい.
ことなどがあげられる.

(b) 製粉方法

小麦の製粉は一度に小麦をつぶして行うのではなく,「段階式製粉方法」をとっている.大きく三つの段階に分けられる.

第1段階〈破砕工程〉
外皮をできるだけ砕かないように小麦を破砕した後,胚乳部を分離する.胚乳部は粗く砕かれる.

第2段階〈純化工程〉
ピュリファイヤーという機械を用いて,風力で粗く砕いた胚乳部(セモリナ)中の外皮を吹き飛ばして分離する.

第3段階〈粉砕工程〉
できるだけ純粋な胚乳部を取り,ロール製粉機で細かく粉砕して小麦粉とする.

(c) 小麦粉の分類

小麦粉中のグルテン量が多く,粘弾性の強いもの(<u>強力粉</u>)は,パンやぎょうざ(皮)の製造に適し,グルテン量が少なく,粘弾性の弱いもの(<u>薄力粉</u>)は,ケーキ,菓子,天ぷらなどの製造に適する.また,その中間の<u>中力粉</u>はうどん,菓子などの製造に適する(表2.1,図2.5).

(d) パン

パンの主原料は小麦粉,水,イースト,食塩である.これらの基本配合に砂糖,油脂(ショートニング)などを配合する.パンの種類は,配合の違いによっても異なるが,パン生地をつくる製法の違いによっても分けられる.パン生地

表2.1 小麦粉の種類と用途

	薄力粉	中力粉	強力粉	デュラム小麦のセモリナ (強力粉の一種)
たんぱく質の含有量(%)	6〜9	9〜11	11〜13	11〜14
グルテンの性質	弱い ←―――――→ 強く,よく伸びる			非常に強いが伸びない
使用する際の捏ね方	あまり捏ねない	捏ねる	よく捏ねる	真空中で捏ねる
主な用途	カステラ ケーキ 和菓子 ビスケット 天ぷら	即席めん うどん 中華めん ビスケット 和菓子	食パン 菓子パン フランスパン パン粉 中華めん	マカロニ スパゲティ

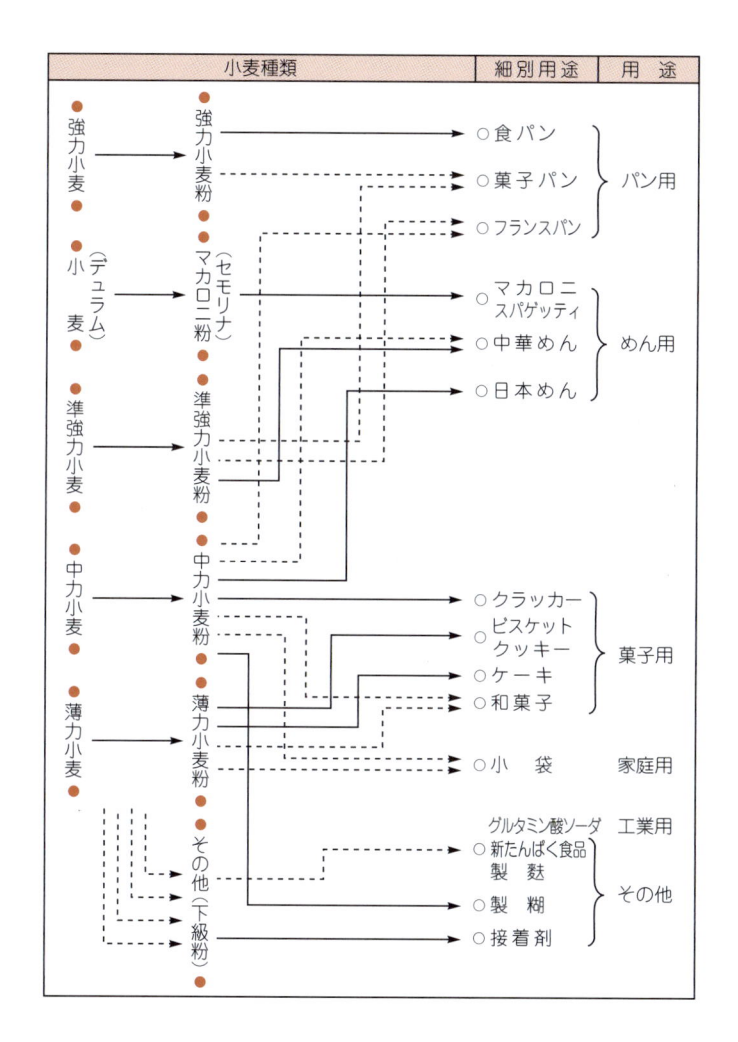

図2.5
小麦粉の用途別分類と
その原料小麦配合例
(財)製粉振興会,「小麦粉の話」,(財)製粉振興会(1995).
──→：おもに使われる.
----→：半分使われる.

の製法が異なると，食べたときの食感や切ったときの内相(パン内部の切り口の状態)に違いが生じる.

　パンの製法には，一般的に直捏ね生地法(ストレート法)，中種生地法(スポンジ法)，液種生地法などがある(図2.6). 直捏ね生地法は，温度管理や生地の取扱いが難しいが風味のあるパンができる. 中種生地法は，手間はかかるが温度管理が楽なため，大量生産に向いており，できたパンの容積も大きく，ソフトであるため日本で最も多く用いられている. パンには食パン(日本のパンの半分は食パン)，菓子パン，フランスパン，その他のパン(ライ麦パン，ハンバーガー用のバンズ，蒸しパン，中華まんじゅう)がある.

　食パンには四角形や山形のものがあるが，これはパンの焼き型にふたをするか，しないかによる. 最近は白いパンに対し，ふすま入りのブラウンブレッドもつくられている.

　菓子パンにはあんパン，クリームパンなどがあり，食パン生地と違う点は砂糖の配合量が多い点である. 膨らませる手段もイーストだけではなく，酒種や

Plus One Point

ナン

ナンはインドなどで食べられるパンである. 小麦粉，塩，酵母を混ぜたドウを発酵後，ガスを抜き，鉄板上にドウをはりつけて焼く. これも発酵パンである.

Plus One Point

あんパンのルーツ

明治5年(1872)，銀座の木村屋がはじめてつくったあんパンは，中華まんじゅうにヒントを得てつくられたもので，ふくらませるのには酒種(米こうじ種)を使った.

① 直捏ね生地法

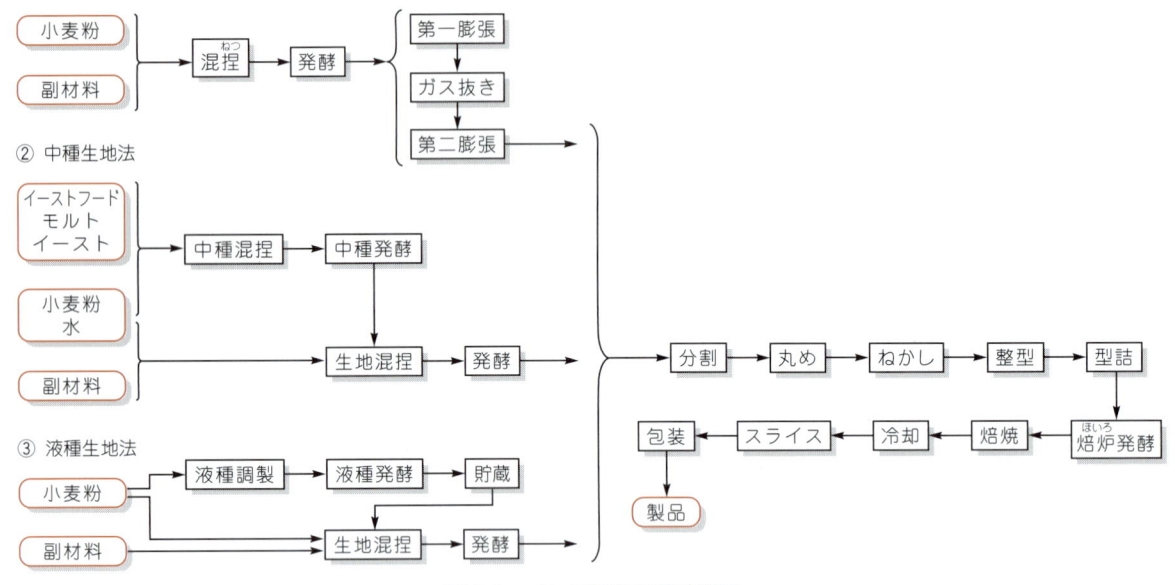

② 中種生地法

③ 液種生地法

図2.6 パンの製造工程系統図
発酵：27〜29℃，湿度75%，約50分間．ねかし：30℃，湿度75〜85%，5〜15分間．

こうじ種を使うこともある．

フランスパンは直捏ね生地法が標準的な製法である．フランスパン独特のクラスト(外皮)をつくるために，焼きはじめに多量の蒸気をオーブンに入れる．

以上のような発酵パン以外に無発酵パンがある．たとえば蒸しパンは，小麦粉に重曹，砂糖を混ぜ，捏ね成形して，蒸し器で蒸したものである．蒸しパンは甘くやわらかく消化吸収がよいため，幼児のおやつに使われる．

またパン粉用のパンの焼き方として，パン釜で焼く焙焼式，生地を2本の電極ではさみ，そこに通電してパンを焼く電極式がある．ふつうの食パンを粉砕してもつくることができる．

(e) めん

パンやケーキに比べ，配合材料が非常に簡単で，小麦粉，水，食塩があればつくれる．うどんやそうめんには中力粉，中華めんには強力粉か準強力粉，スパゲティではデュラム小麦のセモリナというように，めんのコシの強さに伴って小麦粉中のたんぱく質含量の高いものを用いる．オーストラリアのASW(オーストラリア産スタンダード，ホワイト)という小麦粉が使われている．

めんのなめらかさ，コシという独特の粘弾性は，たんぱく質よりもでんぷんの性質に大きく影響を受ける．めんの色調は小麦粉の色そのものが現れるため，小麦粉は色が明るくきれいなものが必要である．

めんを細長く線状にする方法には
① 引き延ばす：手延そうめん，中華めん．

② 押圧して平板に延ばし線状に切る：めん一般．
③ 生地をシリンダーに押し込み孔から押し出す：スパゲティ，マカロニ類，ビーフン，はるさめ．先端の金型から押し出す際，その形や大きさによってスパゲティ，マカロニ，シェルマカロニなどに分かれる．

めん類は，製品別に生めん，乾めん，即席めん，スパゲティの四つに区別される．

ⅰ）生めん

めん類の中で最も消費量が多い．うどんは小麦粉，水，食塩からつくるが，これにアルカリ（かん水：おもに炭酸カリウムや炭酸ナトリウムなどの混合液）を加えたのが中華めんである．アルカリが小麦粉のフラボノイド系色素を黄色に発色させ，めんの食感にも独特の効果を与える．

冷凍うどんはゆでた後，すぐに冷凍したものである．

ⅱ）乾めん

手延そうめんが代表的なもので，生めんをそのまま乾燥する．ほかにうどん，ひやむぎ，そうめん，日本そば，中華めんなどがある．

手延そうめんは，小麦粉に5％の食塩と50％の水を加え，よく捏ね，植物油を練り込みながら細く延ばし，ある程度細くなったら，屋外で乾燥してつくる．冬期に製造されたそうめんは，梅雨明けまで貯蔵しておくと食感のよいそうめんになる．「厄(やく)」という熟成が行われるからである．

ⅲ）即席めん

袋ものとカップものがある．蒸してめんをα化させ，これを油揚げ（フライめん），熱風乾燥（ノンフライめん）の二つの方法で乾燥させる（6.4参照）．

ⅳ）スパゲティ，マカロニ類

パスタ（スパゲティ，マカロニ類）も小麦粉からつくられる．デュラム小麦の胚乳部をおもな原料とする．デュラム小麦粉はたんぱく質含量は多いが，グルテンの弾性は強くないのでパン用には使われない．またカロテノイド系色素が多いので，高圧で押し出すと透明感のある黄色になる．パスタは形の違いからスパゲティ，マカロニ，バーミセリー（細棒状）などに分けられる．ラビオリはぎょうざ状のもので，中に肉やチーズをはさむ．

（f）日本そば

そば粉には小麦粉のようなグルテンが形成されないため，めん線ができにくい．そのため，ふつうはそば粉をつなぐために小麦粉（強力粉）がブレンドされる．水のかわりに熱湯を用いて湯捏ね後，練りあげるもの（更科粉）もある．

やまいも（じねんじょ），れんこん，よもぎ，海草（ふのり），小麦粉などをそばのつなぎとして使用する．一般には小麦粉（中力粉）を使用する．

（g）プレミックス

ホットケーキミックス，ドーナツミックス，パンミックス，お好み焼きミックス，天ぷら粉などがある．小麦粉以外の副材料をすべて配合し，すぐに調理

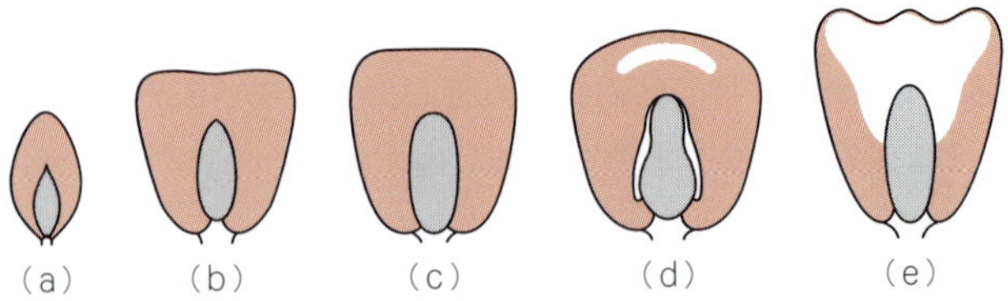

図2.7 粒質の差異によるとうもろこしの種類
（a）爆裂種，（b）甘味種，（c）軟粒種，（d）硬粒種，（e）馬歯種．

できるようにした調整粉である．

（h）植物性たんぱく質

高たんぱく質含量の強力粉を原料とし，小麦粉からグルテンを抽出し，これを加工したものである．形態上は粉末状，ペースト状，繊維状に，機能面では活性グルテンと変性グルテンに分けられる．活性グルテンは水を添加するともとの物性をもつ生グルテンに復元し，水産練り製品（かまぼこ，さつま揚げなど），ハンバーガー，しゅうまいなどに用いられる．変性グルテンは還元剤，酵素類で処理したもので，保水性，乳化性が高いためハム，ソーセージに用いられる．

（i）小麦でんぷん

小麦でんぷんは加熱するとゲル化し，弾力性を示すことから，水産練り製品や畜肉ソーセージに使われる．プレミックスの原材料にも用いられる．

（j）ふ（麩）

小麦粉中のたんぱく質であるグルテンを取り出し，そのグルテン1に対し小麦粉2の比率で混ぜ，さらに重曹，水を加えてよく混合撹拌後，190℃のオーブン中で焼いて焼き麩がつくられる．ドウ中の水分の蒸発で膨化する．生麩（もち麩）は，グルテンを蒸してつくられる．

（3）とうもろこし（コーン，メーズ）

世界の三大主要穀物の一つで，アメリカ大陸が原産地である．含まれているでんぷんの種類によって，もち，うるち，高アミロース種などに分けられる．また粒質の種類によって爆裂種，甘味種，軟粒種，硬粒種，馬歯種などに分類される（図2.7）．爆裂種は加熱すると爆裂し胚乳部が露出する．これがポップコーンである．とうもろこしは，そのまま焼いたり，蒸したりして食べるよりも，粉食のほうが消化がよい．コーンミール，コーンフラワー，コーンフレーク，コーンスターチなどの原料になる．

（4）雑穀

おもなものは，粟，ひえ，きび，えん麦，はと麦，そばなどである．これらは一般に冷涼な気候のやせ地でも栽培できるので，昔から救荒作物として知られている．無農薬でも栽培可能な作物である．あわ，ひえ，きびはおもに製菓材料に用いられ，最近では生活習慣病予防の機能をもつ食品素材として見直さ

**コーンミールと
コーンフラワー**

コーンミール：とうもろこしの殻粒をそのまま粉にしたもの．コーンフラワーより粗い．
コーンフラワー：とうもろこしの外皮と胚芽を除き，粉にしたもの．

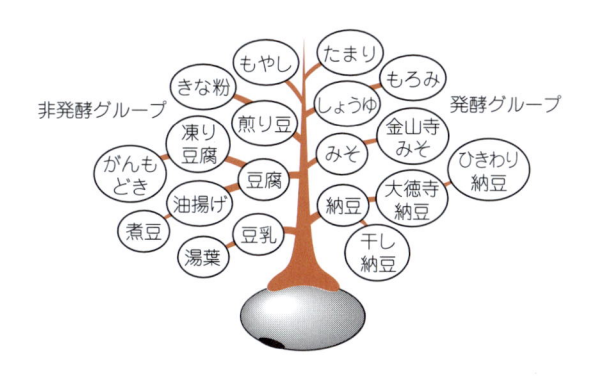

図2.8 大豆のさまざまな加工食品

れている．国産雑穀の9割は，岩手県で生産されている．

粟は粟もち，粟おこしの原料，ひえはこうじ原料として米に次ぐ重要なものであり，ひえみそ，ひえしょうゆの原料ともなる．きびはもち，団子，和菓子の原料となる．

2.2 豆類

日本人にとって，豆類は昔から大切なたんぱく質源やビタミンB群供給源であった．たんぱく質，脂肪を主成分とするものには大豆があり，でんぷん，たんぱく質を主成分とするものには小豆，えんどう，そら豆，いんげん豆，うずら豆がある．その他，えだ豆（未熟な大豆），さやいんげん，さやえんどう，グリンピースなどがある．豆類はそれぞれの成分，性質に応じて各種の加工が行われている．一般には煮豆，煎り豆，豆もやしなどがある．脂肪が少なく，でんぷん質の多いものはあんに加工されるものが多い．

（1）大豆

大豆は，みそ，しょうゆ，豆腐，豆乳，湯葉，もやし，煮豆，きな粉，煎り豆として食べられてきた．図2.8に大豆のさまざまな加工法について示した．戦後，アメリカにもち込まれた大豆は，大豆たんぱく食品として，肉様食品の製造に用いられている．

（a）豆腐の製造

豆腐は，栄養，消化吸収面ともに優れた大豆加工食品である．大豆の消費量のうち約60％は豆腐に加工されている．十分吸水させた大豆を磨砕し，水とともに加熱した後，布袋に入れて絞り，おからを除いて豆乳をつくる．豆乳の熱いうちに凝固剤を加えて固める．薄い豆乳を凝固させて圧搾して成型するもめん豆腐（塩凝固）と，濃い豆乳をそのまま容器の中で固める絹ごし豆腐（酸凝固）の二つのタイプがある．絹ごし豆腐は均一でなめらかなゲルであることから，もめん豆腐に対して，このようによばれる．充てん豆腐はその例である．

沖縄豆腐，堅豆腐，ソフト豆腐はもめん豆腐であり，さらに二次加工品として油揚げ，がんもどき，凍り豆腐などがある．大豆から豆腐への加工過程でたんぱく質と脂質はどちらも70％程度移行する．凝固剤としてグルコノ-δ-ラ

クトンや塩化マグネシウム（にがり）があるが，最近は硫酸マグネシウムや硫酸カルシウムが多く使われている．

(b) 豆腐関連加工品
ⅰ) 豆乳

熱水によりたんぱく質その他の成分を大豆から溶出させ，繊維を除去した乳状の飲料である．大豆固形分の8%以上から成る．JAS（日本農林規格）では，大豆固形分が8%以上のものを豆乳という．工業的には，前もって脱皮した大豆を高圧水蒸気を用いて瞬間加熱し，大豆中のリポキシゲナーゼなどの酵素を失活させ，ついで熱水を加えて粉砕し，混濁液としてから遠心分離により分離する．豆乳，調整豆乳，豆乳飲料，大豆たんぱく飲料などの種類がある．

ⅱ) 油揚げ，がんもどき

油揚げは，水分の少ない硬めの豆腐をつくり，薄く切って低温の油(110～120℃)で揚げ（のばし），さらに高温(180～200℃)の油で揚げ（からし），表面を乾燥させてつくる．揚げることで豆腐は膨化し，容積はもとの3倍になり内部は海綿状になる．膨化するのは，豆腐中の水蒸気によりゲルがふくらむためである．

がんもどきは，木綿豆腐を水切りし，つぶして細かく刻んだ野菜を入れ，やまいもとすり合わせて丸めて油で揚げたものである．内部にくわいやえびなどを入れることもある．関西ではひろうす，飛龍頭（ひりょうず）ともいわれる．

ⅲ) 凍り豆腐

昔は自然の寒気を利用した冬のみの製造品であったが，現在は工場で1年中製造される．水分の少ない硬めの豆腐をつくり，切って-10℃で凍結する．-2℃で2～3週間放置すると，氷結晶間で濃縮した豆腐のゲルは別のゲル（キセロゲル）に変わる．このため解凍後，海綿状になり，もとの組織状態には戻らない．凍り豆腐の普及に高野山が大きくかかわったことから高野豆腐ともいう．

ⅳ) 湯葉

加熱した豆乳の表面に生じる薄い皮膜をすくいあげてつくる．湯葉には，生湯葉，乾燥湯葉があり，使用する豆乳は，大豆をつぶし，その10倍の加水量で加熱後，おからを除いて調製する．すくいあげのはじめはたんぱく質，脂質含量が高いが，しだいに糖質含量が高くなり品質は低下する．現在は京都，日光などの限られた地方で生産されている．

ⅴ) 納豆

糸引納豆と塩納豆の2種類がある．生産量が多いのは糸引納豆であるが，いずれも蒸煮した大豆を微生物の発酵作用によって熟成させたものである．糸引納豆のおもな生産地は東北，関東を中心とした東関東であったが，現在では全国的に食べられている．一方，塩納豆は中国から禅宗とともに伝えられたもので，京都の大徳寺や一休寺などで製造されているにすぎない．

糸引き納豆と塩納豆

わが国では，納豆とよばれるものに，細菌の一種である納豆菌で発酵させる糸引き納豆とこうじかび（こうじ菌）などのかびで発酵させる塩納豆（大徳寺納豆，寺納豆，塩辛納豆，浜納豆など）がある．しかし，最近では納豆菌とこうじかび（こうじ菌）で発酵させたものも塩納豆とよばれるようになっている．

【糸引納豆の製造】

　大豆を吸水させてから蒸煮し，納豆菌の胞子を接種し，40～42℃で16～20時間発酵させてつくる．納豆菌は $B.\ subtilis$（枯草菌）に分類される好気性有胞子細菌である．この菌はビオチン要求性を示し，$B.\ subtilis$ の一般的性質とは異なる．煮豆表面に多量の粘質物（ポリグルタミン酸とフラクタン）を形成する．乾燥納豆，納豆みそなどの二次加工品もある．

vi) テンペ

　インドネシアのジャワ島，スマトラ島を中心として古くから食用に供されている大豆発酵食品のことである．吸水させた大豆を100℃，60分間蒸煮し，種菌と混ぜ30～35℃の発酵室で2～3時間保温する．主発酵菌はクモノスカビである．真っ白な菌糸が全体を覆う．テンペは抗酸化作用が強く，ビタミンB_{12} も多い．

vii) 大豆たんぱく質

　1930年ごろからアメリカで製パン，製菓材料として使用されはじめた．大豆たんぱく質をより濃縮したもの，あるいは抽出したものがつくられ，さらに紡糸形の繊維状たんぱく質，エクストルーダー（7章参照）により組織化したたんぱく製品などもある．乳化性，ゲル化性，気泡性，凝固性，結着性，組織化性など，食品加工に必要な機能をもつ．

　食品加工用にさまざまな大豆たんぱく素材が製造されている．大豆たんぱく質の濃度から大豆粉，グリッツ（たんぱく質50％以上），濃縮大豆たんぱく（70％程度），分離大豆たんぱく（90％程度）に分類される．また形状から分類すると，粉状，ペースト状（カード），粒状（組織状），繊維状などがある．それぞれのもつ機能性と関連して畜肉加工品，水産練り製品，冷凍食品，調理ずみ食品，

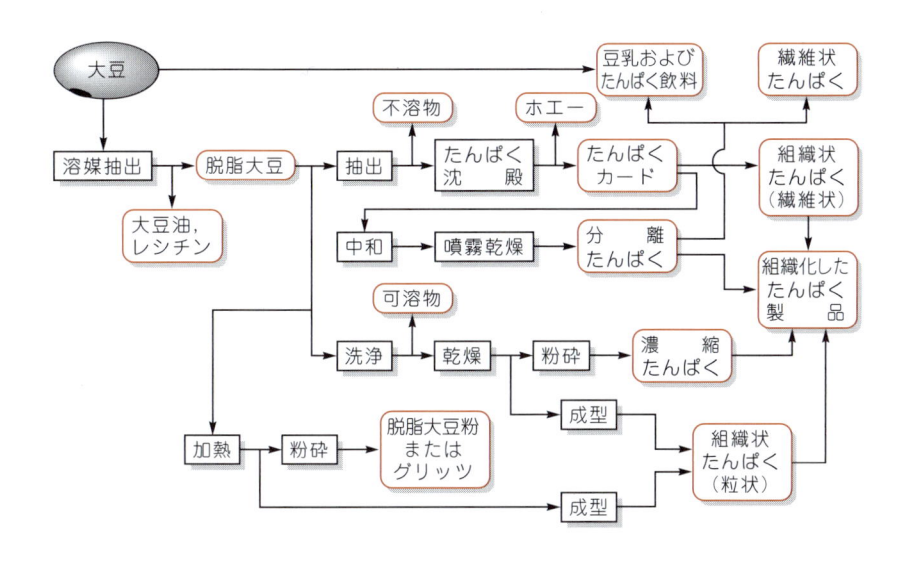

図2.9　大豆製品の製造工程

パン菓子類，冷菓デザート類，スープ類，総菜類などに利用されている．
図2.9にその製造工程を示す．

2.3 いも類

一般にはじゃがいも，さつまいも，さといも，やまのいも類が用いられている．いも類は根，根茎，塊茎などの一部が肥大してできたものの総称で，その中にでんぷん質が蓄えられている．

（1）でんぷん

地上でんぷんの米，とうもろこし，小麦，サゴなどに対して，地下でんぷんとしてじゃがいも，さつまいも，くず，タピオカがある．地上でんぷんではコーンスターチ（とうもろこしでんぷん）が多く使われており，地下でんぷんとしては，おもにじゃがいもが広く用いられている．じゃがいもでんぷんは他のでんぷんより糊化温度が低く，半透明の糊になる．流動性が高く，コーンスターチなどより透明性が優れているので，調理食品の加工に多く用いられる．しかし粘度は食塩，酸で急激に低下する．一般に片栗粉の名称で市販されているのは，じゃがいもでんぷんのことである．糊の粘度の安定性はじゃがいもでんぷんよりさつまいもでんぷんのほうが大きく，かまぼこや春雨に用いられる．キャッサバの塊茎から得られるタピオカでんぷんは，アミロース含量が低く糊化しやすく，老化しにくいため，最近ではパンの中にブレンドされ，日本人好みのしっとりとしたパン組織をつくっている．

（2）こんにゃく

サトイモ科の多年草で，その塊茎（こんにゃくいも）中に多糖類である**グルコマンナン**を含有する．水を加えて膨潤させたグルコマンナンに水酸化カルシウムなどのアルカリを加え加熱すると，凝固して半透明の塊となる．しらたきは，こんにゃく糊を細孔から熱石灰乳中に押し出し固めたものである．こんにゃくグルコマンナンは，難消化性の食物繊維としてダイエット食品にも用いられている．

$$\rightarrow 4)\text{-}\beta\text{-Man-}(1\rightarrow 4)\text{-}\beta\text{-Glc-}(1\rightarrow 4)\text{-}\beta\text{-Glc-}(1\rightarrow 4)\text{-}\beta\text{-Man-}(1\rightarrow$$
こんにゃくグルコマンナンの構造式

（3）その他の加工品

（a）ポテトチップ

じゃがいもをスライスして油で揚げたものである．最近はポテトフラワー（ポテトすべてを粉にしたもの）に調味料，着香料を加え，スライス状に成形後，油で揚げる組み立て食品が登場してきている．

（b）マッシュポテト

ゆでたじゃがいもを熱いうちにポテトマッシャーでつぶしたものである．それにバター，牛乳，塩，こしょう，ナツメグを加えて練って仕上げたものもあ

サゴ
ヤシ科のサゴヤシは幹に多量のでんぷんを蓄積する．マラヤ原産のホンサゴとマレー原産のトゲサゴがある．

Plus One Point

しらたきと糸こんにゃくのちがい

材料は同じであるが，しらたきは関東で，糸こんにゃくは関西でつくられる．その違いは太さである．しらたきの太さは2～3mmで，糸こんにゃくは4～8mmである．ひじきを混入すると黒っぽくなる．しらたきは，まだ固まってないうちにところてんのように突いて，湯の中に流し込んで固める．糸こんにゃくは，固めたこんにゃくをこんにゃく突き器で押し出してつくる．

る．熱いうちにつぶすとじゃがいもの柔組織が細胞単位で分離し，ホクホクした感じが生じる．

ドラム乾燥をさせたインスタントマッシュポテトは，温水あるいは熱水を混ぜるだけで直ちにつぶしたポテトに復元する．

（c）蒸し切干しさつまいも

さつまいもを蒸し器で蒸し，その後5～7mmにスライスし，乾燥する．あめ色になり，表面は白い粉（麦芽糖，デキストリン，ショ糖，転化糖を含む）で覆われる．甘味食品である．

2.4 野菜類

野菜は一般に水分含量が多くカロリーは低いが，ビタミンや無機質のよい供給源であり，体内の酸性を中和する．繊維が多く含まれているので，整腸剤ともなり，栄養的価値は高い．

（1）漬けもの

（a）漬けものの原理

一般に食塩が用いられる．野菜に食塩を加えると，生じた食塩水により野菜の細胞内外に浸透圧の差が生じる．その結果，細胞内部の水分は細胞外部に取り出される．細胞はこのため原形質分離を起こして死ぬ．原形質膜の半透性はなくなり，調味料などのいろいろな成分が細胞の内外に自由に出入りするようになる．

この漬け込みの最中に微生物の繁殖が起こるが，食塩水によりおもに乳酸菌が残り，他の雑菌の繁殖を抑える．また細胞内の酵素作用などにより，野菜の成分に化学的変化が生じ，でんぷんは糖に，たんぱく質はアミノ酸に分解され，さらに酵母によりアルコールとエステルが生成し，特有の香気とうま味が生じる．

（b）漬けものの分類

薄塩漬け：当座漬け，高菜漬け，広島菜漬け．
調味料を加えた薄塩漬け：こうじ漬け．

表2.2 漬けものの種類と塩分濃度 （%）

種類	塩分濃度	種類	塩分濃度
しょうゆ漬け	8～12	辛子漬け	5～8
福神漬け	10～13	しょうが漬け	12～17
みそ漬け	10～14	梅漬け	14～24
もろみ漬け	12～15	すぐき漬け	8～10
らっきょう甘酢漬け	1～5	野沢菜漬け	3～5
わさび漬け	2～4	高菜漬け	10～16
山海漬け	3～7	広島菜漬け	5～10
奈良漬け	6～10	塩蔵野菜	13～20

山海漬け
山のものである野菜と，海のものであるかずのこ，またはくらげの入った粕漬け．新潟地方の名産．

一度塩漬け(下漬け，貯蔵漬け)したものに調味料，香辛料を加えたもの：しょうゆ漬け(福神漬け)，粕漬け(奈良漬け，わさび漬け)，みそ漬け(もろみ漬け)，辛子漬け．

酸味のある漬けもので，乳酸発酵によるもの：らっきょう漬け，サワークラウト，ピクルス，すぐき漬け．

酸味のある漬けもので発酵させないもの：梅干し，らっきょう甘酢漬け，しょうが漬け，千枚漬け．

ぬかを用いたもの：たくあん漬け，ぬかみそ漬け．

(c) 漬けものの塩分濃度

表2.2に，各種漬けものの塩分濃度をあげた．

(2) 乾燥野菜

野菜類は水分活性が0.98～0.99と高く，収穫時に多くの微生物が付着しているので変質，腐敗しやすい．そこで乾燥脱水をして，野菜類の水分活性を腐敗性菌，細菌などが増殖可能な水分活性以下にすれば保存性は高まる．しかし，野菜類の色素，香気成分は酵素的または非酵素的に分解されやすく，乾燥過程および貯蔵中にこれらの成分の分解が進み，食感も変化する．切り干しだいこん，かんぴょう，めんま，干ししいたけ，切り干しさつまいもは逆にこれを利用した食品である．常圧乾燥では50～70℃の温風で水分含量数％～20％まで乾燥できる．凍結乾燥の場合は，-30～-40℃で急速凍結し凍結乾燥する．凍結乾燥野菜は，インスタント食品の材料に用いる．

(3) その他の加工品

(a) トマト加工品

トマトジュース，トマトミックスジュース，トマトピューレ，トマトペースト，トマトケチャップ，トマトソリッドパック(ホールトマト)，トマトジュース入りホールトマトなどがある．原料トマトは加工専用に栽培されたもので，果肉中のリコピン含量が高く，可溶性固形分が多い．

トマトの果汁を原料とする飲料には100％果汁のトマトジュース，トマトジュースに野菜類，香辛料を加えたトマトミックスジュース(野菜ジュース)，トマトジュースを50％以上含有するトマト果汁飲料がある．トマトジュースの生産量が最も多い．トマトピューレー，トマトペーストはトマトジュースを濃縮したもので，ジュース，ケチャップ，スープ，ミートソースに利用される．トマトケチャップは濃縮トマトに食塩，香辛料，食酢，糖類，およびたまねぎ，またはにんにくを加えて調味し，ペクチン，酸味料，化学調味料などを加えてつくる．

(b) 冷凍野菜

野菜を沸騰水中で数分間ブランチングし，クロロフィラーゼ，リポキシダーゼ，アスコルビン酸酸化酵素などの酵素類を失活させ，野菜組織の軟化，空気の追い出しを行った後，冷凍する．えだ豆，グリンピース，さやいんげん，さ

ブランチング
加熱により酵素を失活させることにより色，フレーバー，ビタミンが保有される．殺菌作用もある．湯通しともいう．果実や野菜の冷凍前にも行われる(p.97参照)．

表2.3　各野菜ジュースの定義

用　語	定　義
トマトジュース	1　トマトを破砕して搾汁し，または裏ごしし，皮，種子などを除去したもの(以下「トマトの搾汁」という)，またはこれに食塩を加えたもの． 2　濃縮トマト(食塩以外のものを加えていないものに限る)を希釈して搾汁の状態に戻したもの，またはこれに食塩を加えたもの．
トマトミックスジュース	1　トマトジュースを主原料とし，これに，セロリー，にんじんその他の野菜類を破砕して搾汁したもの，またはこれを濃縮したものを希釈して搾汁の状態に戻したものを，使用するトマトジュースの容量の10％以上加えたもの． 2　トマトジュースを主原料とするもので，1に食塩，香辛料，酸味料，調味料(アミノ酸など)などを加えたもの．
トマト果汁飲料	以下のうち，トマトの搾汁が50％以上のものをいう． 1　トマトの搾汁を希釈したもの． 2　濃縮トマト(食塩以外のものを加えていないものに限る)を希釈してトマトの搾汁を希釈した状態となるもの． 3　1または2に食塩，糖類，香辛料などを加えたもの．
にんじんジュース	1　にんじんを破砕して搾汁し，もしくは裏ごしし，皮等を除去したもの，またはこれを濃縮したもの(以下「濃縮にんじん」という)を希釈して搾汁の状態に戻したもの(以下「にんじんの搾汁」という)． 2　にんじんの搾汁にかんきつ類，うめもしくはあんずを破砕して搾汁し，もしくは裏ごしし，皮等を除去したものもしくはこれを濃縮したものを希釈して搾汁の状態に戻したもの(以下「かんきつ類等の搾汁」という)またはかんきつ類，うめもしくはあんずを破砕して搾汁し，もしくは裏ごしし，皮等を除去したものを濃縮したもの(以下「濃縮かんきつ類等」という)を加えたもの，またはこれに食塩，はちみつ，砂糖類もしくは香辛料(以下「調味料」という)を加えたものであって，かんきつ類等の搾汁，濃縮かんきつ類等および調味料の原材料に占める重量の割合が3％未満のもの．
にんじんミックスジュース	1　にんじんの搾汁にかんきつ類，うめおよびあんず以外の果実を破砕して搾汁し，もしくは裏ごしし，皮等を除去したものもしくはこれを濃縮したものを希釈して搾汁の状態に戻したもの(以下「果実の搾汁」という)またはにんじん以外の野菜を破砕して搾汁し，もしくは裏ごしし，皮等を除去したものもしくはこれを濃縮したものを希釈して搾汁の状態に戻したもの(以下「野菜の搾汁」という)を加えたものであって，果実の搾汁および野菜の搾汁の原材料に占める重量の割合がにんじんの搾汁の原材料に占める重量の割合を下回るもの． 2　1にかんきつ類等の搾汁または調味料を加えたものであって，果実の搾汁，野菜の搾汁，かんきつ類等の搾汁および調味料の原材料に占める重量の割合がにんじんの搾汁の原材料に占める重量の割合を下回るもの(調味料を加えたものにあっては，調味料の原材料に占める重量の割合が3％未満のものに限る)． 3　にんじんの搾汁にかんきつ類等の搾汁または調味料を加えたものであって，かんきつ類等の搾汁および調味料の原材料に占める重量の割合が3％以上であり，かつ，にんじんの搾汁の原材料に占める重量の割合を下回るもの(調味料を加えたものにあっては，調味料の原材料に占める重量の割合が3％未満のものに限る)．

やえんどう，とうもろこし，そら豆，アスパラガス，ほうれんそう，ブロッコリー，かぼちゃ，にんじん，さといも，じゃがいも，これらのミックス野菜などがある．

（c）野菜ジュース

JASに定義（表2.3）されているものには，トマトジュース，トマトミックスジュース，トマト果汁飲料，にんじんジュースおよびにんじんミックスジュースがある．

2.5 果実類

果実類を大きく分類すると，りんご，なし，びわ，かき，みかんなどの仁果類，もも，うめ，あんず，すもも，さくらんぼ，なつめなどの核果類，ぶどう，きいちご，いちじく，すぐり，パイナップル，バナナなどの漿果類，くり，くるみ，ぎんなんなどの堅果類がある．

（1）ジャム類

果実の果肉を煮詰めた加工品で，マーマレード，ゼリー，ジャム，プレザーブ，果実バター，フルーツソースなどを総称したものである（表2.4）．

（a）ゼリー化の原理

ペクチンはガラクチュロン酸からなる多糖類で，そのうち50％以上メチル化されたものを高メトキシルペクチン，50％未満のものを低メトキシルペクチンとよんでいる．

高メトキシルペクチンは酸，および糖の共存が必要であり，製品100gに対して，ペクチンが0.7～1.6g，有機酸はクエン酸として0.2～0.3g（pH2.8～3.6），糖は60～68gの範囲内でゲル化する．表2.5に各ジャム原料用果実中での糖，酸，ペクチン含量を示した．

低メトキシルペクチンは，低糖度でもカルシウムイオンやその他二価金属イオンの存在下でゲルを形成する．牛乳を用いて作るデザートや甘味や酸味を押さえたデザート類，うわがけゼリー（ナパージュ）に使われる．

（b）いちごジャム類

生産されているジャム類の約50％はいちごジャムである．チャンドラー，マーシャルなどの品種を原料とする．いちごを洗浄後，砂糖を加え，一定濃度まで煮熟し，濃縮する．ペクチンと有機酸を加え，加熱撹拌後，充てん，密閉，殺菌，冷却する．水分活性の0.90以下のものは85℃で充てん後，殺菌はしない．0.90以上のものは94℃以上，10分間殺菌する．

（2）果実飲料

図2.10に果実飲料の分類を示した．JAS法では，果実の搾汁を使用したジュースまたはジュース（ストレート）と果汁入り飲料の二通りに分類され，「生，フレッシュ」，「天然，自然」という用語は使えなくなった．オレンジ，うんしゅうみかん，グレープフルーツ，レモン，りんご，ぶどう，パインアップル，も

Plus One Point

がんのリスクを抑える食品

アメリカがん学会で作成されたリストには，オレンジ，レモン，グレープフルーツ，りんご，バナナ，いちご，パパイア，メロン，キウイフルーツ，アボガド，甘柿，すいか，マンゴー，パイナップルが掲載されている．

Plus One Point

ゼリーとプロテアーゼ

ゼリーをつくるときは，生のままで入れてはいけないくだものがある．パイナップル（ブロメライン），パパイア（パパイン），キウイフルーツ（アクチニジン），いちじく（フィシン）などである．カッコ内のようなプロテアーゼがたんぱく質を分解し，ゼリーを固まらせなくするからである．これらのくだものは，一度加熱してプロテアーゼを失活させればゼリーは固まる．

2.5 果実類

表 2.4 ジャム類の分類　（JAS による）

マーマレード	かんきつ類の果実を原料にしたもので, かんきつ類の果皮が認められるもの.
ゼリー	果実などの搾汁を原料としたもの.
ジャム	マーマレードおよびゼリー以外のジャム類. 2種類以上の果実などを使った場合は「ミックスジャム」と表示する.
プレザーブ	いちごその他のベリー類を原料とするものは全形, ベリー類以外では5mm以上の厚さの果肉の片を原料とし, その原形を保持するようにしたもの.

表 2.5 ジャム原料用果実の糖, 酸, ペクチン含量（%）

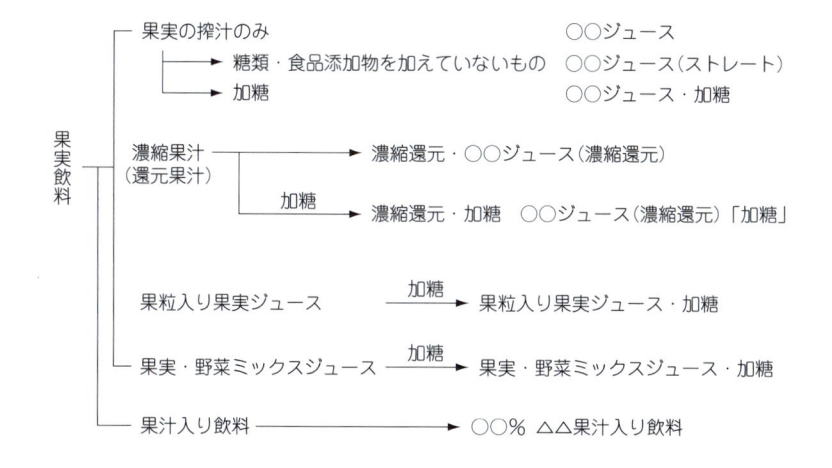

果　実	糖度	酸	ペクチン
あ　ん　ず	7〜8	1.2〜2.3	〜0.8〜
い　ち　ご	5〜11	0.5〜1.0	〜0.6〜
い　ち　じ　く	7〜10	〜0.3〜	〜0.7〜
す　も　も	〜15〜	1〜2	〜0.7〜
ぶ　ど　う	12〜16	0.6〜1.0	0.2〜0.3
ベ　リ　ー　類			
カーランツ	11〜13	0.4〜1.0	1.0〜2.1
ラズベリー	〜10〜	0.6〜1.0	1.3〜1.9
グーズベリー	〜7〜	1.5〜3.0	0.5〜1.2
温州みかんパルプ	−	−	〜2.5〜
夏みかんパルプ	−	−	〜2.2〜
も　　　　　も	9〜10	0.3〜0.6	〜0.6〜
り　　ん　　ご	10〜15	0.5〜1.0	〜0.6〜

図 2.10　果実飲料の分類
資料：「くだもの・科学・健康ジャーナル」ホームページ.

もなどを原料にした濃縮果汁, 果実ジュース, 果実ミックスジュース, 果粒入り果実ジュース, 果実・野菜ミックスジュース, 果汁入り飲料などがある.

（3）果実缶詰

わが国ではみかん缶詰が最も多く消費され, ついでもも缶詰, パイナップル缶詰が多い. その他りんご, くり, さくらんぼ, びわ, ぶどう, 混合果実（2種類以上）, フルーツカクテル（4種類以上混合）などの缶詰がある. 原料の調整（選別, 洗浄, 切断, 除核, 剥皮, 整形など）を行い, ブランチングにより酵素活性の失活, 果肉・組織中の脱気後, 果肉を缶に詰め, 充てん液を注入する. 缶内空気を排除させるために脱気し, シーマーで密封する. その後, 加熱殺菌, 流水あるいは冷水中で急冷却する.

（4）乾燥果実

ぶどう, かき, りんご, あんず, パイナップルなどの果肉を乾燥したもので, 加水すると新鮮な果実に復元するものと, 加水しても復元せずに異なった風味

Plus One Point

くだもので健康づくり？

日本には「みかんが色づくと医者が青くなる」ということわざがあるが, 西洋にも「1日1個のりんごは医者いらず」というよく似たことわざがある.

と果肉組織を与えるものがある．

（5）さわしがき

さわしがきとは，渋がき中の渋味成分である水溶性タンニンを不溶性にして，人工的に脱渋したかきのことである．人工的脱渋方法として，干しがき，湯抜き，アルコール散布，CO_2を用いる方法などがある．

（6）果実酒

果実を発酵させた酒類のことで，エキス分21度未満のものである．世界的に見れば，ぶどう酒がビールについで消費されている．りんご，なし，びわ，いちご，さくらんぼ，マルメロ，もも，あんずなども果実酒の原料とされている．

2.6 きのこ類

わが国において，現在食用として栽培されているきのこは，しいたけ，なめこ，ひらたけ，えのきたけなど約22種で，野生種まで入れると食用きのこの種類は，おそらく300種を超える．1664年，大分県下でしいたけ胞子の自然感染によるしいたけ栽培が日本で最初に行われた．その後，純粋培養菌種接種法により，しいたけ，なめこ，えのきたけなどが栽培されている．

近年，趣味の食べもの，あるいは健康食品として食品的価値も高まっているが，反面きのこ特有の香りを嫌う若い世代が増えている．薬理的作用として，しいたけには血中コレステロール低下作用，抗ウイルス・抗腫瘍効果がある．かわらたけ中のクレスチンは抗悪性腫瘍剤として製剤化されている．

しいたけのもつ最大の特徴は，干ししいたけの特有の香り（レンチオニン）である．高度な乾燥技術は，干ししいたけ生産者の長年にわたる経験の中から生みだされたものである．表2.6に，現在栽培されている食用きのこを示した．

表2.6 現在栽培されている食用きのこ

シイタケ，マツタケ，ナラタケ，エノキタケ，ヒラタケ，タモギタケ，オオヒラタケ，ブナシメジ，ハタケシメジ，ムキタケ，ナメコ，ヌメリスギタケ，クリタケ，ツクリタケ，ヤナギマツタケ，フクロタケ，マイタケ，カミハリタケ，キクラゲ，アラゲキクラゲ，シロキクラゲ，クロアワビタケ，エリンギ

Plus One Point

日本人ときのこ

日本人はヨーロッパ人と同様に，古くからきのこを食してきた．日本書紀に「応神天皇に土毛を献上」とあるが，土毛には，きのこも含まれていたという．

しいたけの乾燥技術

天日乾燥，赤外線乾燥，熱風乾燥，真空凍結乾燥があるが，熱風乾燥が多く用いられる．はじめに40～50℃で数時間，次に温度を少し下げて数時間，さらに40～50℃にして数時間，最後に60℃で数時間乾燥させる．

練 習 問 題

次の文を読み，正しいものには○，誤っているものには×を付けなさい．

（1）油で調理するピラフのようなご飯ものは，アミロース含量の低いインド米が使用される．

（2）精白米は，玄米からぬか層や胚芽を除去したものだが，ぬか層には糊粉層は含まれない．

（3）精白米から精米機で70％削ったものを7分つき精米という．

（4）白玉粉のアミロペクチンを利用してもちができる．

（5）ビーフンは米の中に小麦粉を混ぜ，撹拌後押し出し機の穴から高圧で押し出してつくる．

（6）小麦は外皮が硬く，胚乳部から容易に分離しにくいために，小麦粉として使う．

（7）小麦粉を利用したうどんは中力粉を，中華めんは強力粉を使うが，その理由は，中華めんの場合，ドウを酸性にして利用するためである．

（8）パン，中華めん，ぎょうざの皮には強力粉を使う．　　　　　　　　　　☞ 重要

（9）豆腐凝固剤のグルコノ-δ-ラクトンは，グルコースからつくられ，水溶液中でアルカリ性になる性質を利用している．

（10）油揚げは，豆腐を一度低温で揚げ，さらに高温で揚げてつくる．

（11）ひろうすとはがんもどきのことである．

（12）もめん豆腐はもめんの袋の中で固め，絹ごし豆腐は絹の袋の中で固める．　☞ 重要

（13）糸引き納豆には納豆菌のつくる水不溶性のグルコマンナンが含まれる．

（14）こんにゃくの消石灰による凝固は，アルカリによる多糖類中の脱アセチル化反応による．

（15）しらたきは米粉から，糸こんにゃくはこんにゃくからつくる．　　　　　☞ 重要

（16）大豆発酵食品のテンペの主発酵菌はクモノスカビである．

（17）冷凍野菜の加工では，まず野菜を水中に浸けて表面を水でぬらし，すぐに冷凍し水の薄い氷の膜で酸化を防ぐ．

（18）ペクチンゼリーはペクチン，糖の共存でできる．

（19）干しがきは，不溶性タンニンを可溶化して脱渋したものである．

（20）低メトキシルペクチンは牛乳中のカルシウムイオンでゲル化する．

3 畜産食品の加工

3.1 畜肉類
（1）食肉とその調製

　食肉とは，家畜や家禽などの骨格筋で，食用として市場に流通する肉類である．日本の肉類総供給量は輸入肉を含めて約557万トン（2009年現在）で，そのほとんどが牛肉，豚肉，鶏肉である．これらの約90％が食肉として消費され，残りは食肉製品の加工原料として利用されている．

　肉用家畜は屠畜場で生体検査を受け，衛生的に屠殺，放血，剝皮，内臓除去され，ついで解体処理が行われ，冷却されて，枝肉とされる．また，可食内臓類は食肉副産物として利用されている．図3.1に牛肉および豚肉の部分肉名を示す．

　屠殺解体後の筋肉は，一定時間が経過すると死後硬直を起こす．死後硬直した肉は加熱しても硬く，結着力や保水力（水分保持力）も弱く，食用や加工に適さない．通常，屠殺後の食肉は，一定期間冷蔵保存しておけば，硬直が解除（解硬）され，肉の保水性や風味がよくなる．この冷蔵保存を肉の熟成という．熟成は筋肉の食肉化に重要であるが，熟成が進みすぎると，表面に付着した微生物により肉が腐敗する．

（2）食肉加工法の特徴

　食肉加工の歴史は古く，ハム，ベーコン，ソーセージなどは約3000年前からつくられている．これらはいずれも，人類が生肉の保存性を高める目的で，試行錯誤し，発見した塩漬技術（生肉を天然の硝酸塩を含む岩塩に漬ける）や燻煙技術（生肉を煙でいぶす）によって加工されたものである．現在，これらの加工技術は科学的に理論化され，食肉製品の大量生産工程が確立されている．表3.1に主要な食肉加工品の製造工程を示す．

（a）塩漬，水洗

　塩漬は，食肉加工において最も重要な工程で，肉の防腐（保存性向上），発色，結着保水性増強，および風味の熟成を目的として，原料肉を塩漬剤に漬ける．塩漬剤には，食塩，発色剤（亜硝酸塩），結着補強剤（重合リン酸塩），調味料（砂

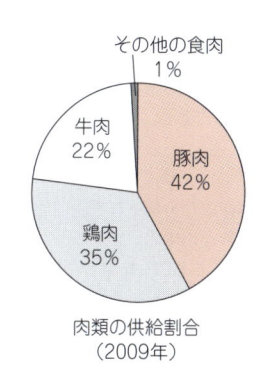

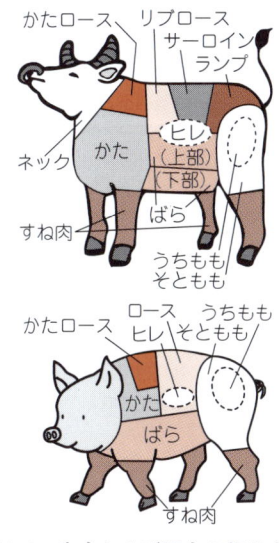

肉類の供給割合
（2009年）

その他の食肉 1％
牛肉 22％
豚肉 42％
鶏肉 35％

図3.1　牛肉および豚肉の部分肉名

表3.1 主要な食肉加工品の製造工程（JAS法）

	原料肉の大きさ	塩漬	水洗	肉ひき	混合	練合せ	充てん結さつ	乾燥	燻煙	加熱	冷却	包装
ハム類	大肉塊	○	△	×	×	×	○	△	○	○	○	○
ベーコン類	大肉塊	○	△	×	×	×	○	○	○	×	○	○
ソーセージ	小肉塊	○	×	○	○	○	○	△	○	○	○	○
プレスハム	小肉塊	○	×	×	○	×	○	○	○	△	○	○

○は必修工程，△は任意工程，×は不要工程．
ハム類：骨付きハム，ラックスハムは湯煮／蒸煮(加熱)工程不要．また，骨付きハムはケーシング充てん工程不要．
ソーセージ：無塩漬ソーセージは塩漬工程不要，セミドライおよびドライソーセージは湯煮／蒸煮(加熱)工程不要．

肉の熟成
屠殺後筋肉の最大硬直までの時間は，鶏肉6～12時間，牛肉12～24時間，豚肉は約3日である．また，熟成期間は，通常2～4℃で鶏肉2日，豚肉3～5日，牛肉7～10日である．

肉の発色
亜硝酸塩が分解されて生じた一酸化窒素と肉中のミオグロビンが結合して，ニトロソミオグロビン(赤色)に変化する．これが加熱されるとニトロソミオクロモーゲン(安定な赤色色素)になり，食肉製品はきれいな赤色となる．亜硝酸塩はアミン類と反応して，発がん性物質のニトロソアミン類が生じる問題点がある．食品衛生法では，残留亜硝酸塩は70 mg/kg以下と規制されている．

塩漬液
ピックル液ともいう．食塩，砂糖，香辛料を溶解させた水溶液を加熱殺菌後，冷却し，必要に応じて亜硝酸塩を溶解させたもの．

つなぎ剤
肉組織の保水性や結着性を高めるために子牛肉や家兎肉，植物性たんぱく質，動物性たんぱく質やでんぷんなどが使用される．

糖，グルタミン酸ナトリウム)，香辛料などが用いられる．その方法には，湿塩漬法(液塩法)，ピックル法，乾塩漬法(ふり塩法)，および筋肉注射法がある．

湿塩漬法は肉塊を塩漬液に低温で漬け込む方法である．乾塩漬法は肉塊表面に塩漬剤(食塩，砂糖，香辛料など)をすり込み，肉表面の水分により溶解浸透させる方法である．筋肉注射法は塩漬液を肉塊内に強制注射する方法で，先端に孔がなく，表面に多数の孔を有する特殊な注射針が用いられる．筋肉注射法は塩漬効率が優れ，漬け込み時間が短く，大量製造に適する．

水洗は塩漬処理肉からの塩抜きを目的とする．湿塩漬法や乾塩漬法で塩漬処理した肉塊は，外層部の塩濃度が高くなる．肉塊全体の塩分濃度を均質化するため，流水に肉塊を浸漬し，塩抜きを行う．

(b) 肉ひき，混合，練合せ

ソーセージの製造では，塩漬後の肉塊を肉ひき機でひき肉とし，さらにサイレントカッター(ナイフが高速回転する機械)で処理中に氷水，豚脂，調味料，香辛料，つなぎ剤を加えて練り肉にする．肉温が高くなると結着力が低下するので，加工中は低温に保つ．プレスハムの場合は塩漬後の小肉塊につなぎ剤を添加してミキサーで混合する．

(c) 充てん，結さつ

ソーセージの製造では，練り肉をケーシングに充てんし，次いで一定間隔でひねりを加え結さつする．一方，ハム・ベーコンの製造では，塩漬後，水洗工程で過剰塩分を除去した肉塊からすじや余分の脂肪などを除き，布を巻いて円筒形に成型し，たこ糸で巻き締める．また，大量製造では，塩漬肉をセルロース系のケーシングチューブへ充てん後，その両端を専用金具で結さつする．

(d) 乾燥，燻煙

乾燥，燻煙工程で，食肉加工品の水分活性が低下し，かつ煙中の防腐物質や抗酸化物質により保存性が高められるとともに肉の発色が促進される．また，製品に独特のスモーク風味と色調を与える効果もある．最終的に加熱される製品(多くのハム，ソーセージ)は，燻煙前に30～40℃の温度で数時間の乾燥が行われる．また，非加熱製品(骨つきハム，ラックスハム，ベーコン，ドライソ

ーセージ）は，通常，燻煙の後，20℃以下の温度で数日～数か月間乾燥させる．燻煙法には冷燻法と温燻法がある（8.4節参照）．

（e）加熱（湯煮，蒸煮）

非加熱製品以外の食肉製品は熱湯や蒸気を利用して，中心温度63℃以上で30分以上加熱される．製品は加熱により弾力性が与えられ，食肉加工品独特の食感が形成される．加熱後は冷却され，包装されて製品となり，10℃以下で冷蔵保管される．

（3）ハム類

本来，ハムは豚の骨付きもも肉を塩漬および燻煙して保存性をもたせたものである．豚肉の各部位を，塩漬，充てん，乾燥，燻煙，加熱して製造される一連の製品をハム類と総称している．JASでは，表3.2のように分類され規格化されている．骨付きハムとラックスハムは非加熱ハムで，それ以外は加熱ハムである．また，骨付きハムのみケーシング充てん工程がなく，豚の骨付きもも肉がそのままの形でハムとなる．

ケーシング

本来は，練り肉を詰める牛，羊，豚の小腸．現在は，原料肉を詰める袋状の被膜を意味し，セルロース製や塩化ビニリデン製のケーシングチューブも使用される．

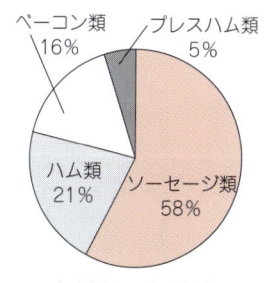

食肉製品の市場割合（2010年度）
- ソーセージ類 58%
- ハム類 21%
- ベーコン類 16%
- プレスハム類 5%

表3.2　ハム類の分類と主要な規格（JAS）　　平成21年7月

品名（原料肉部位の特定）	基準	赤肉中の粗たんぱく質	製品中の結着材料	加工上の特徴
骨付きハム（豚の骨付きもも肉）	―	16.5%以上	使用不可	欧米ではレギュラーハムとよばれている．ケーシング充てんと加熱がされない．
ボンレスハム（豚のもも除骨肉）	特級	18.0%以上	使用不可	原料肉は豚肉の部分肉名（図3.1）参照．ケーシング充てん後，加熱される．
ロースハム（豚のロース肉）	上級	16.5%以上	使用不可	
ショルダーハム（豚の肩肉）	標準	16.5%以上　結着材料を使用したものは17.0%以上	使用可　1%以下	
ラックスハム（豚の肩肉，ロース肉またはもも肉）	―	16.5%以上	使用不可	燻煙した後，加熱をしないので生ハムともよばれている．

結着材料：植物性たんぱく質，卵たんぱく質，乳たんぱく質および血液たんぱく質．

（4）ベーコン類

豚のばら肉を塩漬，燻煙したものがベーコンであり，その製造法は骨付きハムとほぼ同じである．JASでは，ばら肉以外の部位を原料としたものもベーコン類として，豚肉使用部位の違いにより3種類に分類し規格化している（表3.3）．一般的な製造法は，豚のわき腹部よりろっ骨，軟骨を除去し，肉の塩漬を行う．次いで水洗を行い塩味を調整後，乾燥，燻煙して製品となる．ハムの製造工程との違いは，湯煮（加熱）とケーシング充てんが行われない点である．しかし近年，ベーコンの製造工程でも加熱殺菌が行われることが多い．食品衛生法で定義されている加熱殺菌（63℃で30分間またはそれと同等以上の加熱）を行ったベーコンには加熱食肉製品の表示が，加熱殺菌なしのものには非加熱食肉製品の表示がなされている．

表 3.3　ベーコン類の分類と主要な規格 (JAS)

品　　名	基準	赤肉中の粗たんぱく質	製品中の結着材料	加工上の特徴
ベーコン	上級 標準	16.5%以上 結着材料使用のものは 17.0%以上	使用不可 使用可 1%以下	豚のばら肉を塩漬，燻煙． ミドルベーコンまたはサイドベーコンの ばら肉を切り取り成形．
ショルダーベーコン	—	同上	使用可 1%以下	豚の肩肉を塩漬，燻煙． サイドベーコンの肩肉を切り取り成形．
ロースベーコン	—	同上	使用可 1%以下	豚のロース肉を塩漬，燻煙． ミドルベーコンおよびサイドベーコンの ロース肉を切り取り成形．

結着材料：植物性たんぱく質，卵たんぱく質，乳たんぱく質および血液たんぱく質．
サイドベーコン：豚の半丸枝肉を塩漬，燻煙したもの．
半丸枝肉：剝皮，内臓摘出，頭部・尾部を除去した豚の体を脊椎に沿って二分割したもの．
ミドルベーコン：豚の胴肉を塩漬，燻煙したもの．
胴肉：半丸枝肉から肩およびももの部分を除いたもの，またはこれを除骨したもの．

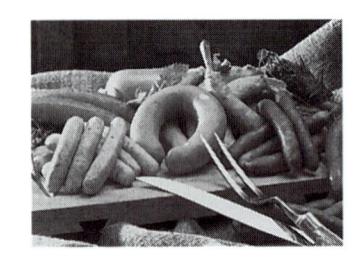

（5）ソーセージ

家畜や家禽などの塩漬肉をひき肉にして，調味料，香辛料，結着材料を加えて十分練り合わせ，ケーシング充てん後，乾燥，燻煙，加熱したものをソーセージという．牛，豚，羊などの腸管がケーシングとして利用される．JAS では，原料肉の種類，塩漬および燻煙工程の有無，結着材料の添加量などから 9 種類に分類し規格化している（表 3.4）．

ソーセージはドメスチックソーセージ類とドライソーセージ類に分類される場合もある．前者は比較的水分が多く，保存性よりも風味を重視したソーセージの総称で，ボロニアソーセージ，フランクフルトソーセージ，ウインナーソーセージなどが含まれる．後者は保存性を重視して乾燥したソーセージの総称で，サラミソーセージ，セミドライソーセージ，ドライソーセージなどがある．

（6）プレスハム

プレスハムは日本で開発された独特の食肉製品で，寄せハムともよばれる．その製造法は，各種畜肉の小肉塊を塩漬したものに，香辛料，調味料，つなぎ剤などを添加し，混和し，ケーシング充てん後，燻煙，加熱して製品とする．肉片を互いにつなぎ合わせて大きな肉塊とし，ハムのように見せているのが特徴である．JAS のプレスハム規格では，原料肉やつなぎ剤の種類，混合比によって，標準，上級，特級の 3 段階に分類されている（表 3.5）．また，JAS の品質表示基準では混合プレスハム（魚肉の使用可）の規格も設定されている．

（7）熟成ハム類，熟成ベーコン類，熟成ソーセージ類

平成 5（1993）年に食生活の健康・安全・本物指向に対応して，JAS 法が改正された．従来の「製品 JAS」に加え，特別の生産方法や特色ある原材料に着目した JAS 規格「作り方 JAS」（p.129 参照）の制定が可能になり，熟成ハム類，熟成ベーコン類，熟成ソーセージ類が規格化された．これらの規格で，熟成とは，

Plus One Point

熟成ハム類，熟成ベーコン類，熟成ソーセージ類の加工方法

熟成ハム類は，原料肉を低温（0〜10℃）で 7 日以上，熟成ベーコン類は 5 日以上，熟成ソーセージ類は 3 日以上塩漬すること．

表3.4 ソーセージ類の分類と特徴(JAS)　　　　　　　　　　　　　　　　　　　　　　　平成21年7月

品名	基準	原材料[1] 食肉 畜肉 豚肉	牛肉	馬肉	羊肉	やぎ肉	家兎肉	家禽肉	粗ゼラチン添加量	結着材料添加量	水分含量	特徴
ボロニアソーセージ	特級 上級 標準	○ ○ ○	○ ○ ○	 ○	 ○	 ○	 ○	 ○	使用不可 使用不可 5％以下	使用不可 5％以下 10％以下	65％以下	牛腸に充てんしたもの，または製品の太さが36mm以上のもの
フランクフルトソーセージ	特級 上級 標準	○ ○ ○	○ ○ ○	 ○	 ○	 ○	 ○	 ○	使用不可 使用不可 5％以下	使用不可 5％以下 10％以下	65％以下	豚腸に充てんしたもの，または製品の太さが20〜36mmのもの
ウインナーソーセージ	特級 上級 標準	○ ○ ○	○ ○ ○	 ○	 ○	 ○	 ○	 ○	使用不可 使用不可 5％以下	使用不可 5％以下 10％以下	65％以下	羊腸に充てんしたもの，または製品の太さが20mm未満のもの
リオナソーセージ	上級 標準	○ ○	○ ○	 ○	 ○	 ○	 ○	 ○	5％以下 5％以下	5％以下 10％以下	65％以下	種物[2]の添加量は30％以下であること
レバーソーセージ	—	○	豚，牛，馬，羊，やぎ，家禽および家兎の肝臓						使用不可	10％以下	50％以下	製品中に占める肝臓の割合が50％未満
セミドライソーセージ	上級 標準	○ ○	○ ○	 ○	 ○	 ○	 ○	 ○	使用不可 5％以下	5％以下 10％以下	55％以下	塩漬した原料肉類を加熱しまたは加熱せず乾燥
ドライソーセージ	上級 標準	○ ○	○ ○	 ○	 ○	 ○	 ○	 ○	使用不可 5％以下	5％以下 10％以下	35％以下	塩漬した原料肉類を加熱せず乾燥
加圧加熱ソーセージ	—	○	○	○	○	○	○	○	5％以下	10％以下	65％以下	120℃で4分間．加熱加圧
無塩漬ソーセージ	—	○	○	○	○	○	○	○	5％以下	10％以下	65％以下	原料肉類の塩漬をしていないソーセージ

(1) 原材料の○は使用できるという意味である．結着材料：でんぷん，小麦粉，コーンミール，植物性たんぱく質，卵たんぱく質，乳たんぱく質および血液たんぱく質．粗ゼラチン：添加量は5％以下であること．
(2) 種物：豆類，野菜類，ナッツ類，果実，穀類，海藻，食肉製品，卵製品，乳製品，魚介類およびフォアグラ．

表3.5 プレスハムの基準と主要な規格(JAS)　　　　　　　　　　　　　　　　　　　　　平成21年7月

品名	基準	水分含量	肉塊(約20g以上)の調製用食肉	つなぎ調製原料	肉以外のつなぎ含有率
プレスハム	特級	60％以上 72％以下	豚肉の肉塊が90％以上であること	豚肉，牛肉，家兎肉，でんぷん類，結着剤	3％以下
	上級	60％以上 75％以下	畜肉の肉塊が90％以上で，かつ豚肉肉塊が50％以上であること	畜肉，家兎肉，でんぷん類，結着剤	3％以下
	標準	60％以上 75％以下	畜肉および家禽肉の肉塊が85％以上であること	畜肉，家兎肉，でんぷん類，結着剤	5％以下で，かつ，でんぷん類の含有率が3％以下

畜肉：豚肉，牛肉，馬肉，めん羊肉およびやぎ肉．でんぷん類：でんぷん，小麦粉およびコーンミール．

原料肉を一定期間塩漬することにより，原料肉中の色素を固定し，特有の風味を十分醸成させることをいう．

（8）ハンバーガーパティなど

JASの定義では，畜肉の荒びきに，必要に応じて，副原料(植物性たんぱく質，調味料，香辛料，たまねぎ，つなぎ剤など)を加えて練り合わせ，円板状に成型して急速凍結した製品が**ハンバーガーパティ**であり，ハンバーガーの材料として加熱調理して使用される．その他，JASでは，食肉のひき肉に，ほぼ上記と同様の副原料を練り合わせ，成型後に食用油脂で加熱したもの，またはそれにソースを加えて包装しチルド温度帯(8.3節参照)で冷蔵した製品として，チルドハンバーグステーキやチルドミートボールの規格がある．

（9）食肉缶詰，乾燥肉

代表的な**食肉缶詰**として，**コンビーフ**と**牛肉の大和煮**がある．コンビーフは本来，塩漬牛肉を蒸煮したものである．塩漬牛肉を蒸煮してほぐし，食塩，調味料，香辛料を加えて缶に詰め，殺菌して製造する．また，馬肉を加えたものはニューコンビーフとよばれている．牛肉の大和煮は，牛肉をしょうゆ，砂糖，みりん，しょうがなどと煮詰め，缶に詰め，殺菌して製造する．

乾燥肉にはインスタントラーメンの肉具材やビーフジャーキーなどがある．原料肉を塩漬して小肉片に切り，しょうゆ，調味料，香辛料などで濃厚に味付けした後，肉の繊維方向にほぐしてから圧延し，乾燥する．乾燥法としては，熱風乾燥や凍結乾燥が行われる．

3.2 乳 類

（1）飲用牛乳と乳製品

食品としての乳類には，牛乳，やぎ乳，羊乳，馬乳などがあるが，わが国で消費されている**飲用牛乳**はほとんどが乳用牛(ホルスタイン種，ジャージー種など)の乳である．「乳および乳製品の成分規格等に関する省令」(乳等省令)では，搾乳したままの牛の乳を**生乳**という．ここでは，市販されている牛乳，加工乳および乳飲料を飲用乳としてまとめ，また生乳を主原料として加工したものを**乳製品**とする．これら飲用乳および乳製品の成分および衛生規格が乳等省令により定められている(表3.6)．

（2）乳加工法の特徴

乳類は良質のたんぱく質，脂質，無機質などを含む優れた栄養食品で，人類は有史以前から飲用としてのみならず，乳独自の加工法を発見し利用してきた．現在，さまざまな乳製品が大量生産されている．図3.2に飲用牛乳および乳製品の製造工程を示す．

（a）受乳検査

原料乳(生乳)は加工に先立ち，**受乳検査**(風味試験，アルコールテスト，脂肪率，酸度，細菌数，抗生物質などの定性・定量)が行われる．

Plus One Point

生乳の生産量

2010年，世界の生乳生産量は年間7億1200万トンで，その約22％が飲用乳，約78％が加工用として利用されている．一方，日本の生乳生産量は年間約790万トン，その用途は飲用向けが約53％で，加工向けが約47％である．

表3.6 飲用牛乳および乳製品の成分・衛生規格　　平成19年10月(乳等省令)

		乳固形分	乳脂肪分	無脂乳固形分	細菌数/g	大腸菌群	その他
飲用乳	牛乳	—	3.0％以上	8.0％以上	5万以下	陰性	63℃, 30分またはこれと同等以上の殺菌効果を有する加熱殺菌後, 10℃以下で保存
	特別牛乳	—	3.3％以上	8.5％以上	3万以下	陰性	63〜65℃, 30分間殺菌後, 10℃以下
	成分調整牛乳	—	—	8.0％以上	5万以下	陰性	殺菌条件：牛乳に同じ 63〜65℃, 30分間殺菌後, 10℃以下
	低脂肪牛乳	—	0.5％以上 1.5％以下	8.0％以上	5万以下	陰性	殺菌条件：牛乳に同じ 63〜65℃, 30分間殺菌後, 10℃以下
	無脂肪牛乳	—	0.5％未満	8.0％以上	5万以下	陰性	殺菌条件：牛乳に同じ 63〜65℃, 30分間殺菌後, 10℃以下
	加工乳	—	—	8.0％以上	5万以下	陰性	殺菌条件：牛乳に同じ 63〜65℃, 30分間殺菌後, 10℃以下
乳飲料		3.0％以上	—	—	3万以下	陰性	殺菌条件：牛乳に同じ 62℃, 30分間またはこれと同等以上の加熱殺菌後, 10℃以下で保存
練乳	加糖練乳	28.0％以上	8.0％以上	—	5万以下	陰性	水分27.0％以下 糖分58％以下(乳糖を含む)
	無糖練乳	25.0％以上	7.5％以上	—	0	陰性	容器に入れ, 115℃以上で15分間以上加熱殺菌
粉乳	全粉乳	95.0％以上	25.0％以上	—	5万以下	陰性	水分5.0％以下
	脱脂粉乳	95.0％以上	—	—	5万以下	陰性	水分5.0％以下
発酵乳類	発酵乳	—	—	8.0％以上	—	陰性	乳酸菌または酵母1000万以上/mL
	乳酸菌飲料(乳製品)	—	—	3.0％以上	—	陰性	乳酸菌または酵母1000万以上/mL
	乳酸菌飲料(食品)	—	—	3.0％未満	—	陰性	乳酸菌または酵母100万以上/mL
バター		—	80.0％以上	—	—	陰性	水分17.0％以下
クリーム		—	18.0％以上	—	10万以下	陰性	酸度(乳酸として)0.2％以下
アイスクリーム類	アイスクリーム	15.0％以上	8.0％以上	—	10万以下	陰性	
	アイスミルク	10.0％以上	3.0％以上	—	5万以下	陰性	
	ラクトアイス	3.0％以上	—	—	5万以下	陰性	
プロセスチーズ		40.0％以上	—	—	—	陰性	ナチュラルチーズが原料

特別牛乳：特別に認可された衛生レベルが非常に高い施設で搾乳された生乳を処理.
牛乳の表示：生乳使用割合100％. 低温保存殺菌した場合は消費期限表示となる.

(b) 標準化, 均質化

　生乳は牛の品種, 年齢, 搾乳時期, 季節, 飼育方法, 健康状態などにより, その成分組成(とくに脂質含量)が変化する. 標準化は, おもに乳脂肪含量をそろえるために行われる. 生乳中の脂肪球は不均一(直径0.1〜17μm)で, 放置しておくと, 乳化破壊が起こり, 脂肪球がしだいに融合してクリーム層として

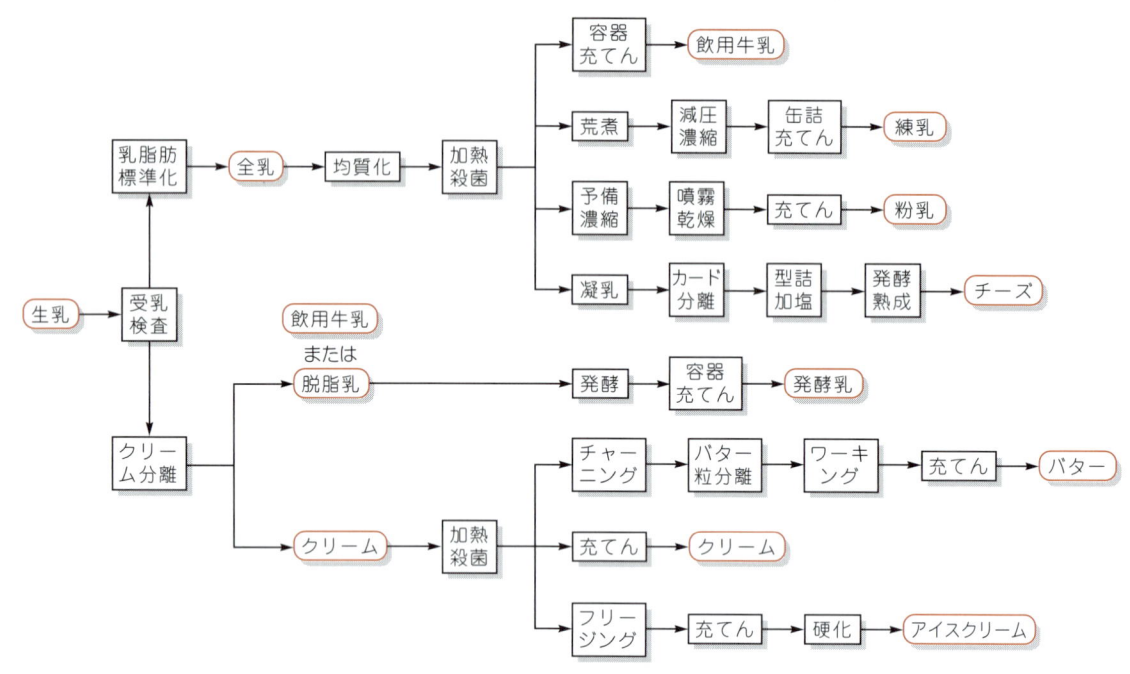

図 3.2　飲用牛乳および乳製品の製造工程

加熱殺菌法
①低温保持殺菌法(LTLT 法：保持式により63℃, 30分), ②高温保持殺菌法(HTLT 法：75℃以上, 15分以上), ③高温短時間殺菌法(HTST 法：72℃以上, 15秒以上), および④超高温瞬間殺菌法(UHT 法：120〜150℃, 1〜3秒)があり, 市販牛乳の93%は UHT 法で殺菌されている.

チーズスターター
チーズ製造で添加される有用微生物の培養物で, 乳酸菌スターターとかびスターターがある.

浮上する．これを防止する目的で脂肪球の均質化(微細化：1μm 以下)という操作が行われる．この操作により乳脂肪の分離が防止され, また牛乳の消化吸収性が向上する．

(c) 加熱殺菌

生乳は微生物汚染を受けやすいので, 乳等省令の改正により, 保持式により 63℃ で 30 分, またはそれと同等の効果を有する加熱殺菌が義務づけられている．殺菌後の牛乳は 4〜5℃ 以下に冷却され, 次の工程まで保管される．

(d) 濃縮, 乾燥

原料乳中の脂質, たんぱく質, ビタミンなどの変性を極力抑えながら, 水分を効率よく除去する工程である．濃縮や乾燥により, 原料乳の水分活性が低下し保存性が高められる．乳製品の加工では減圧加熱濃縮や膜濃縮が行われる．

乾燥は噴霧乾燥法が多く利用されている．原料乳を 130〜200℃ の高温気流中に微粒子状に噴霧し, 瞬間的に水分を蒸発させ乾燥させる方法である．乳の液滴は瞬時に乾燥され, その際に気化熱として大量の熱が奪われるので, 粉末温度は 70〜80℃ にしか上昇せず, 熱変性の非常に少ない乳粉末が得られる．

(e) 凝乳・カード分離

ナチュラルチーズの製造に特徴的な工程である．原料乳にチーズスターターおよびレンネットを添加して, カゼインミセルを主成分とする乳たんぱく質を凝固させる(凝乳)．乳中のカゼインミセルに存在する κ-カゼインにレンネット中の酵素が働き, グリコマクロペプチド(糖鎖結合ペプチド)を遊離し, カル

シウムイオン反応性のパラ-κ-カゼインになる．この変化により，カゼインミセルどうしが疎水結合およびカルシウムを介したイオン結合で重合し，凝固する．この凝固物をカードという．これを小さく切って，撹拌しながら加温すると乳清(ホエー)が分離してくる．カードを乳清と分離して回収する操作をカード分離という．

チーズスターターは乳糖を乳酸に変えて，原料乳のpHを低下させ，レンネットによる凝固や，カードからの乳清の排出を促進する．また，チーズ熟成中にたんぱく質や脂質を分解し，チーズの特徴的な風味を形成する．

(f) 発酵

乳製品のうち，ヨーグルト，チーズ，発酵クリーム，発酵バターなどの製造では，乳酸菌，かび，酵母などの微生物を利用する発酵工程が重要である．ヨーグルトの製造では，殺菌後の原料乳に *Lac. bulgaricus* と *Str. thermophilus* の混合スターターを添加し，乳酸発酵による乳の凝固や好ましい酸味を利用する．また，最近では，スターターとして有用腸内細菌であるビフィズス菌やアシドフィラス菌なども利用されている．

(g) クリーム分離

乳脂肪と脱脂乳の比重差を利用した工程である．原料乳を連続遠心分離機(クリームセパレーター)で処理すると，脂肪率30～40%のクリーム(バターの製造で利用される)と脱脂乳(ヨーグルトや脱脂粉乳に利用される)が得られる．

(h) チャーニング，ワーキング

バター製造に特徴的な工程である．クリームに撹拌や振盪(とう)を加えると，突然相転換が生じ，クリームがバター粒子に変化する．通常，牛乳の脂肪球は水中油滴(O/W)型乳化物(p.62参照)として，水中で安定化している．これを激しく撹拌すると乳化破壊が起こり，乳脂肪が融合してバター粒子となるのである．この操作は，昔，牛乳を樽(チャーン)に入れ撹拌していたことからチャーニングとよばれている．また，ワーキングとはバター粒子に，必要に応じて食塩を添加し練り合わせ，均質なバター組織を形成する操作である．

(i) フリージング，硬化

アイスクリームの原料を撹拌し，空気を抱き込みながら，-3～-7℃まで冷却凍結する．この撹拌冷却操作がフリージングである．この操作により気泡，乳脂肪，氷結晶が均質に分散したソフトクリームが得られる．これを急速凍結(硬化)してアイスクリームが製造される．

(3) 牛乳

牛乳(市乳)は生乳のみを均質化，殺菌，容器充てんしたものである．乳脂肪分は規格上3.0%以上であるが，現在市販牛乳の多くは乳脂肪3.5%前後に標準化されている．また，室温でも長期保存が可能なLL牛乳も市販されている．

(4) 加工乳

加工乳は生乳と濃縮乳，脱脂粉乳，無糖練乳，クリーム，バター，水などを

レンネット
本来，子牛の第4胃から抽出されるたんぱく質分解酵素キモシンを主成分とする凝乳酵素剤．最近は微生物由来の凝乳酵素や遺伝子組換えで生産された組換えキモシンも利用されている．

LL牛乳(long life milk)
1953年にスイスで開発された技術で，牛乳を135～150℃で2～4秒間殺菌して，専用紙容器に無菌充てん包装したものである．日本では1960年代から冷蔵流通で市販されていたが，厚生省が1985年7月8日に乳等省令の改正を行い常温流通が認められた．平成1～7年の生産量は年間約12万トンで，飲用牛乳に占める割合は約2.5%である．LL牛乳の品質保持期間は業界の自主基準として60日間とされている．

混合して乳成分の一部を調整したものである．ビタミンやミネラルの添加は禁止されている．加工乳として，無脂乳固形分 8.5％ 以上および乳脂肪分 3.8％ 以上に調整した濃厚乳（ミルク）や乳脂肪分 0.5％ 以上～1.5％ 以下の低脂肪乳（ローファットミルク），0.5％ 未満のノンファットミルクが市販されている．

（5）乳飲料

乳飲料は牛乳または脱脂乳を主原料として糖類，色素，香料，その他の食品などを添加した飲料である．飲用乳公正競争規約で，乳固形分を 3.0％ 以上含むことが定められている．コーヒー乳飲料（ラクトコーヒー），フルーツ乳飲料や，ビタミンやミネラルを添加した乳飲料，乳糖不耐症の人のために乳糖を酵素（ラクターゼ）で分解した乳糖分解乳などがある．

（6）練乳

全乳に砂糖を添加し減圧濃縮したものが加糖練乳（コンデンスミルク）である．原料乳に脱脂乳またはクリームを添加して，乳脂肪や無脂乳固形分を標準化した後，砂糖を添加して加熱する．次いで，高真空下で濃縮した後，冷却して缶に充てんされて製品となる．一方，無糖練乳は原料乳を単に濃縮したもので，エバミルク（エバポレーテッドミルク）とよばれている．製造法は加糖練乳に準じるが，砂糖を添加しない点，濃縮後に均質化操作を行う点，および缶詰後に 120℃ まで加熱滅菌する点が異なる．

（7）粉乳

原料乳を殺菌，濃縮後，噴霧乾燥したもので，水分活性が低く保存性が良好で輸送や貯蔵が便利である．牛乳から全脂粉乳，脱脂乳から脱脂粉乳が製造されている．濃縮は減圧下で行われる．これにより，噴霧乾燥の効率が格段に向上する．

（8）発酵乳，乳酸菌飲料

発酵乳の代表としてヨーグルトがあげられる．牛乳や脱脂乳を主原料として，殺菌・冷却後，乳酸菌を加え，発酵させて製造する．原料乳に乳酸菌や必要に応じて甘味料や安定剤を添加して容器に充てん後，容器内で発酵させる静置型ヨーグルト（ハードヨーグルト）と，タンク内で一度に発酵を行い，固まったカード（凝固物）を砕いて安定剤や果肉を混合し，容器に充てんする撹拌型ヨーグルト（ソフトヨーグルト）がある．

乳酸菌飲料は発酵乳の一種で，原料乳を乳酸菌または酵母で発酵させた後，飲用に適するように調整した飲料である．

（9）バター

バターの原料はクリームである．原料乳から，クリームセパレーターで，脂肪率 35％ 前後のクリームを分離し加熱殺菌する．次いで，クリームを冷却後，低温に数時間保持して脂肪の結晶化を促進させる．これを激しく撹拌し，クリーム中に水中油滴（O/W）型乳化している乳脂肪を融合させてバター粒に変化させる（チャーニング）．大豆ぐらいの大きさのバター粒になれば，液成分（バ

飲用乳公正競走規約
「乳飲料の表示に関する公正競争規約」は飲用乳について虚偽や誇大な表示の発生を未然に防止するため，乳事業者が自ら設定した自主ルール（昭和 43 年 5 月公正取引委員会認定）．平成 13 年 7 月 10 日の一部変更により，「牛乳」という表示は生乳 100％ 使用のものにのみ認められること，および生乳の使用割合の表示が義務づけられた．

安定剤
ヨーグルト製造用の安定剤は寒天とゼラチンの併用が多い．寒天が多いほど硬くてもろくなり，ゼラチンが多いほど粘稠な組織になる．

ターミルク)を排除し，バター粒を冷水で水洗後，加塩し，練り合わせ(ワーキング操作)たバター塊を包装して製品とする．原料クリームの乳酸発酵の有無により，発酵バターと非発酵バターがある．また，食塩添加の有無により，加塩バターと無塩バターがある．

(10) クリーム

クリームとは，牛乳より分離した脂肪の多い粘稠(ちょう)な液体である．乳等省令では，生乳や牛乳から乳脂肪分以外の成分を除去したものと定義されている．したがって，市販されているクリーム類のうち，牛乳以外の成分が添加されているものはクリームと表示できない．クリームの製造法は，原料乳を加温してクリームセパレーターで処理し，その遠心力を利用して，クリームを分離回収する．そして，殺菌，冷却後，紙容器などへ充てんして製品とする．

(11) アイスクリーム

牛乳，クリーム，練乳などに，卵黄，糖類，香料，乳化剤，安定剤などを加えたアイスクリームミックスを加熱殺菌後，撹拌しながら凍結させたものを総称して**アイスクリーム**という．乳等省令では，乳固形分および乳脂肪分の含有量により，**アイスクリーム**，**アイスミルク**，**ラクトアイス**の3種類が規格化されている．

アイスクリームミックスを冷却しながら撹拌すると，微細な空気が混入して体積が約2倍に増大し，滑らかな組織のソフトクリームが得られる．これを紙カップ容器などに充てんして，－30℃以下に急速凍結(硬化)するとアイスクリームが得られる．アイスクリーム製造では，空気の混入による体積の増量歩合を**オーバーラン**という．

(12) ナチュラルチーズ

ナチュラルチーズは世界中で数百種類もあり，製造法も多種多様である．基本的な製造工程は，原料乳を加熱殺菌し，冷却後，**スターター**と**レンネット**を添加し，カードを形成させる．カードを細切りして，撹拌しながら徐々に加温すると，カードが収縮して乳清が排出される．カードを集めてブロック状に型詰めし，圧搾機(**チーズプレス**)で加圧し，余分な乳清を排除する．次いで，カード固形物に加塩する．加塩方法は食塩水に浸漬する方法(湿塩法)と，直接カードに振りかける方法(乾塩法)がある．加塩の目的は風味向上，乳清の分離促進，過度の乳酸発酵抑制，腐敗菌の増殖抑制などである．加塩したカード固形物(生チーズ)を，温度と湿度をコントロールした熟成室で一定期間熟成させる．熟成中に微生物や酵素の作用で乳成分が分解される．原料乳，チーズスターター，熟成期間などの違いにより，風味や食感に個性のあるナチュラルチーズが製造される(表3.7)．

(13) プロセスチーズ

プロセスチーズは，ナチュラルチーズを粉砕後，加熱溶融し，乳化させ，充てん包装の後，冷却したものである．原料には，通常，ゴーダチーズ，チェダ

オーバーラン算出法(重量法)

$$オーバーラン(\%) = \frac{1Lのミックス重量 - 1Lのアイスクリーム重量}{1Lのアイスクリーム重量} \times 100$$

表3.7 ナチュラルチーズの分類

分類	水分含量	熟成	代表的なチーズ	生産国	特徴
超硬質チーズ	30～35%	細菌熟成 2～3年	スプリンツ パルメザン	スイス イタリア	保存性が良い 粉末にして利用
硬質チーズ	30～40%	細菌熟成 1年以内	チェダー エダム エメンタール	イギリス オランダ スイス	ガス孔なし ガス孔小 ガス孔大
半硬質チーズ	38～45%	細菌熟成 かび熟成	ゴーダ ロックフォール	オランダ フランス	風味まろやか 青かび利用
軟質チーズ	40～60%	かび熟成 1～3か月	カマンベール ブリー・ド・モー	フランス フランス	白かび利用 中身が軟らかい
フレッシュチーズ	40～60%	熟成なし	クリームチーズ モッツァレラ	アメリカ イタリア	チーズケーキのベース ピザに欠かせない

ーチーズ，エダムチーズなどの温和な風味のナチュラルチーズがよく使用される．

　乳化する際には，少量の乳化剤（重合リン酸塩，クエン酸塩など）と重曹などの中和剤を添加する．これらを添加する目的は，カゼインの可溶化分散のみならず，乳脂肪の乳化分散にも作用し，均質でなめらかな組織を得るためである．

3.3　卵　類

（1）鶏卵の生産量と用途

　食品成分表では，食用卵として，鶏卵，うずら卵，あひる卵が掲載されているが，鶏卵の生産と消費が圧倒的に多い．国内の鶏卵生産量は殻付き卵換算で年間約250万トン(1991～2011年)である．国民1人あたり年間330個前後の卵を消費している計算となる．現在，日本は世界有数の鶏卵消費国である．

　殻付き卵は養鶏所から最寄りの鶏卵の選別・包装施設に搬入され，まず肉眼観察によって全体の形と卵殻表面の状態が調べられ，異常卵が除かれる．次い

卵黄と卵白の分離

表3.8　パック詰め鶏卵の重量基準と選別・包装施設での割合

種類	重量基準(1個)	割合(%)	パック内表示書の色
3L	76g以上	3.1	
2L	70g以上76g未満	15.2	赤
L	64g以上70g未満	32.0	だいだい
M	58g以上64g未満	30.9	緑
MS	52g以上58g未満	12.3	青
S	46g以上52g未満	2.2	紫
2S	40g以上46g未満	0.4	茶
規格外		3.9	
合計		100.0	

で，洗卵により卵殻上に付着している鶏糞などの汚れが除かれる．乾燥後，卵重検査を行い，鶏卵の取引き規格に沿って選別・包装され，パック詰め鶏卵(表3.8)や箱詰め鶏卵として出荷される．鶏卵の品質規格は，JASや食品衛生法にはなく，農林水産省が制定した鶏卵取引き規格で，パック詰め鶏卵，箱詰め鶏卵の等級(特級，1級，2級，級外)や，凍結卵の成分規格や微生物規格が定められている．

(2) 鶏卵加工品と鶏卵製品

鶏卵を原料とする製品は，殻付き卵を割っただけの液卵(全卵液，卵白液，卵黄液)や乾燥粉末卵のように加工度が低いものから，鶏卵のゲル化性，起泡性，乳化性などを利用した食品(プリン，メレンゲ，マヨネーズなど)のように加工度が高いものまである．また，鶏卵から，リゾチーム，卵黄油，卵黄レシチン，卵殻カルシウムなどの有用成分が分離精製され，食品のみならず，化粧品や医薬品用素材としても利用されている．

通常，食品用素材として加工される液卵(凍結液卵)や乾燥粉末卵などを鶏卵加工品(一次加工品)と称し，加工卵あるいは殻付き卵を主原料として製造される食品を鶏卵製品(二次加工品)と称している．図3.3にパック詰め鶏卵および鶏卵加工品の製造工程を示す．

(3) 液卵

液卵としては，卵を割って卵殻を取り除いただけのもの(ホール液卵)，卵黄または卵白を分離して取り出したもの(卵黄液，卵白液)，卵黄および卵白を均質化したもの(全卵液)，ならびにこれらに加塩または加糖したものがある．原料卵を温水で洗卵した後，150 ppm以上の次亜塩素酸ナトリウム溶液で卵殻表面を殺菌する．次いで，これを温水洗浄，乾燥した後に割卵する．割卵後の液卵は，原則として加熱殺菌した後，すぐに8℃以下に冷却し，殺菌ずみの容器に充てんし密封する．液卵製品の保存および流通は8℃以下で行われる．各種液卵の殺菌条件を表3.9に示す．

国	個数
メキシコ	345
日本	334
中国	333
ハンガリー	251
フランス	248
アメリカ	248
オーストラリア	236
ニュージーランド	225
イタリア	224
ドイツ	212

1人あたりの年間鶏卵消費量(2008年)
グラフ中の数字は消費個数を表す．
2008年 International Egg Commission 参加国中順位．

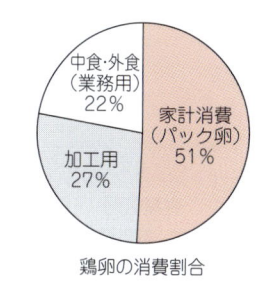

鶏卵の消費割合
- 家計消費(パック卵) 51%
- 加工用 27%
- 中食・外食(業務用) 22%

業務用：中食・外食産業．
加工用：製菓，製パン，畜肉・水産加工．
家計消費は，総務省「家計調査」より．
中食・外食・加工品向け数量については，農林水産省「食糧需給表」より．
「中食・外食」「加工品」割合については，JA全農たまご株式会社における取引数量より類推．

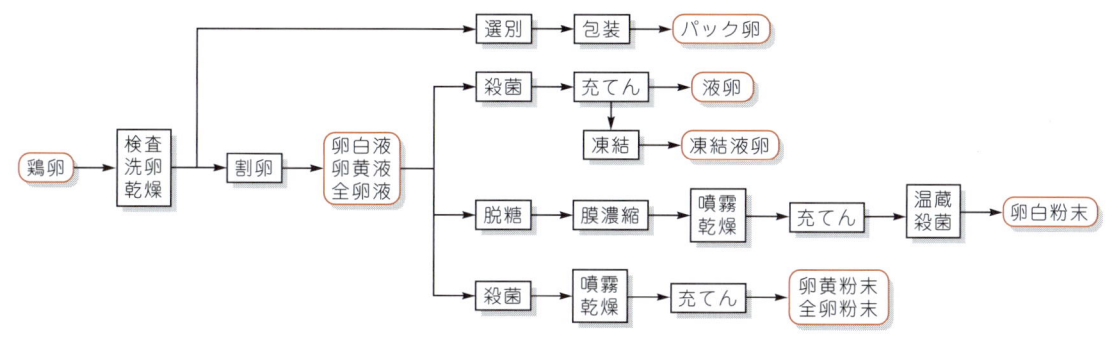

図3.3 パック詰め鶏卵および鶏卵加工品の製造工程

表3.9　各種液卵の殺菌条件

液　　卵	連続式殺菌条件	バッチ式殺菌条件
全卵液	60℃　3.5分以上	58℃　10分以上
卵黄液	60℃　3.5分以上	58℃　10分以上
卵白液	55〜56℃　3.5分以上	54℃　10分以上
10％加塩卵黄液	63.5℃　3.5分以上	
10％加糖卵黄液	63.5℃　3.5分以上	
20％加塩卵黄液	63℃　3.5分以上	
30％加塩卵黄液	68℃　3.5分以上	
20％加塩全卵液	64℃　3.5分以上	

（4）凍結液卵

凍結液卵は液卵を凍結したもので，−18℃以下で保存および流通させるものをいう．一般的には，−30℃付近で凍結した殺菌液卵が−25〜−20℃で流通されている．凍結卵白の加熱ゲル化性は，かまぼこやちくわなどの水産練り製品に利用されている．卵黄は凍結に伴いゲル化し，その溶解性や乳化性が低下する．これは卵黄のリポタンパク質が凍結変性するためである．したがって，凍結卵黄液の製造では卵黄単独で凍結されることはなく，凍結変性を防止する目的で砂糖や食塩が添加される．凍結卵黄は，加塩卵黄がマヨネーズ，ドレッシングの原料として，加糖卵黄がカスタードクリーム，アイスクリームなどの製菓用原料として利用されている．

（5）乾燥粉末卵

通常，液卵を噴霧乾燥法で粉末化する．粉末卵は常温での長期保存が可能で保存スペースも小さくなるメリットがある．

卵白液中には遊離のグルコースが約0.5％存在し，そのまま粉末化した場合，保存中にメイラード反応が進み，著しく褐変し，たんぱく質が不溶化する．したがって，卵白粉末の製造には前処理として，卵白液の脱糖処理が行われる．脱糖処理後の卵白液は噴霧乾燥の後，温蔵殺菌される．食品用の用途としては，その熱凝固性が水産練り製品，畜肉製品などに利用される．また，製菓製パン関係では，おもに起泡性が利用される．

全卵・卵黄粉末は，殻付き卵を洗浄後割卵して得られた全卵液あるいは卵黄液を殺菌して噴霧乾燥法により製造する．

（6）殻付き卵製品

ピータンは，中国で古くから製造されているあひる卵の殻付き卵製品である．石灰などを使用し，強アルカリ性で卵たんぱく質を変性凝固させたものである．一方，鶏卵の殻付き卵製品としては，ゆで卵の需要が多い．一般にゆで卵は，殻をむいた後に，保存料を配合した調味液とともに袋詰めし，加熱（湯煮）殺菌後，弁当やおでんの素材として冷蔵流通される．そのほか，調味液に漬けて調味した殻付き卵を加熱した後，スモーク風味の付与と卵殻からの微生物の侵入防止を目的として，燻煙した味付き燻製卵が生産されている．

脱糖処理

脱糖処理には，細菌発酵法，酵母発酵法，酵素法がある．細菌発酵法は，グルコース資化能が強い細菌（*Aerobacter aerogenus*や*Streptococcus lactis*など）を純粋培養し，それを卵白液へ接種してグルコースを乳酸に変える脱糖法である．酵母発酵法はパン酵母を卵白に接種して，グルコースをエチルアルコールと二酸化炭素に変える脱糖法である．酵素法は卵白液にグルコースオキシダーゼとカタラーゼおよび過酸化水素を添加して，酵素的にグルコースをグルコン酸に変え脱糖する．

温蔵殺菌

発酵法で脱糖した卵白液は菌数が多く，液体での殺菌は困難である．したがって，乾燥後の卵白粉末を50〜65℃程度の温蔵庫で5〜10日間放置する温蔵殺菌が行われる．

（7）マイクロ波加工卵

電子レンジに使用されているマイクロ波を利用した加工製品である．全卵液，でんぷん，調味料などの混合液をトンネル型マイクロ波加熱装置で，連続的に加熱調理した後，熱風乾燥する．マイクロ波加熱は間接加熱ではなく，直接加熱であるため加熱効率が高く，表面と内部を均一に加熱・膨化できる利点がある．マイクロ波加工卵はカップラーメンの卵乾燥具材として利用されている．

（8）シート状加工卵

薄焼き卵やクレープなどシート状の卵加工品で，表面が加熱された円筒形のドラムにより製造する．全卵液，でんぷん，調味料などの混合液をドラムに付着させ，ドラム内側からの電熱による加熱とドラム外側からの補助的加熱により，連続的に焼成する．次いで，熱風乾燥されシート状の卵製品となる．シート状加工卵はクレープのみならず錦糸卵などとして，総菜にも広く利用されている．

（9）インスタント卵スープ

凍結乾燥を応用した卵加工品の代表が**インスタント卵スープ**である．全卵液，でんぷん，調味料などの混合液を加熱し，鱗片状の卵凝固物（かき卵）を調製した後に凍結させ，真空中で水分を昇華させて乾燥する．凍結乾燥法では，他の乾燥方法に比べて，復元性や食感などの優れた製品が得られる．

（10）ロールエッグ（ロングエッグ）

卵液にでんぷんなどを添加し，直径 20～50mm のケーシングに充てんして加熱（湯煮）したもので，ソーセージ状のゆで卵といえる．輪切りにして，食品の飾り用具材として外食産業を中心に利用されている．

黄身返し卵の調理科学

「地卵の新しきを，針にて頭の方へ，一寸ばかり穴をあけ，糠味噌へ三日ほどつけおきて煎貫にすれば中身の黄身が外へなり白身が中へ入いりて，是を黄身返しといふ．」これは，江戸時代の料理書「万宝料理秘密箱・卵百珍」（1785 年刊行）に記載された「黄身返し卵」のつくり方である．黄身返し卵は，黄身と白身が逆転した不思議なゆで卵で，現在までに唯一再現できていない卵料理である．

著者の研究室では，最近，「黄身返し卵」の再現に成功した．「地卵の新しき」は有精卵，「糠味噌へ三日」は孵化を進めると解釈し，研究を進めた結果，孵化 3～4 日目の卵中では，卵白の水分が卵黄へ移動し，卵黄と卵白の粘度が逆転することがわかった．この卵を外から針で突き，卵黄膜を破り，加熱すると卵黄が卵白を包み込んで外側になり，卵白が内側で固まる．すなわち，「黄身返し卵」をつくることができた．

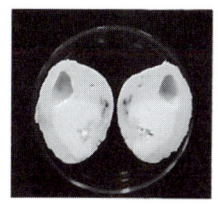

有精卵　0 日目　　　　有精卵　4 日目

(11) 卵豆腐

鶏卵を原料とするポリパック詰めの卵豆腐である．製造法は全卵液に対し150～200％のだし汁を加えて均質化し，"す"が発生しないように，リン酸塩を添加後，脱気し，ポリ容器に充てんし，加熱（湯煮）して製造される．

(12) マヨネーズ

サラダ油と酢と卵から調製する水中油滴型乳化食品である．卵黄リポたんぱく質の乳化性が利用される．製造法は，卵黄，食酢の一部，食塩，砂糖，香辛料を乳化機に入れ，サラダ油を添加しながら乳化させる．最後に食酢で風味を調整して，容器に充てんされ製品となる．JASでは，卵黄や卵白以外の乳化安定剤や着色料の使用が禁止されている．また，成分規格として，水分30％以下，油脂65％以上と設定されている．

練 習 問 題

次の文を読み，正しいものには○，誤っているものには×を付けなさい．

（1）マヨネーズは鶏卵・植物油・食酢を主原料とした水中油滴型の乳化食品である． 重要
（2）LL牛乳の製造では，高温短時間殺菌（HTST法）が行われる．
（3）加工乳は，牛乳を主原料として，コーヒー，フルーツなどを加えて製造される．
（4）ベーコンは，豚の部分肉を塩漬し，燻煙した後，加熱（湯煮）して製造する．
（5）ボンレスハムの原料肉は牛や豚の骨抜きもも肉である．
（6）JAS規格のハム類で，非加熱ハムは骨付きハムとラックスハムのみで，それ以外は加熱ハムである． 重要
（7）プレスハムは，畜肉の小肉塊を塩漬し，香辛料，調味料，つなぎ剤などを添加し，混和し，ケーシング充てん後，燻煙，加熱して製造する．
（8）日本の牛乳の製造では，62〜65℃で3分，またはそれと同等の効果を有する加熱殺菌が義務づけられている． 重要
（9）牛乳は生乳のみを均質化，殺菌，容器充てんしたものであり，ビタミンやミネラルを添加したものは加工乳とよばれる． 重要
（10）乳酸菌飲料は発酵乳の一種で，原料乳を乳酸菌または酵母で発酵させた後，飲用に適するように調整した飲料である．
（11）クリームとは生乳や牛乳から乳脂肪分を除去したものと定義されている．
（12）ドメスチックソーセージは比較的水分が少なく，保存性を重視し，充分乾燥させたものである． 重要
（13）無糖練乳は原料乳を減圧濃縮後，缶詰にして，高圧滅菌したものである．
（14）ハムやソーセージの発色剤として，亜硫酸塩が用いられる．
（15）アヒルの卵からつくられるピータンは，たんぱく質のアルカリ変性を利用した食品である．
（16）チーズの製造において，レニンはβ-カゼインの特定の部位を加水分解し，乳たんぱく質を凝乳させる．
（17）アイスクリーム，アイスミルク，ラクトアイスの乳固形分および乳脂肪分規格が乳等省令に定められている．
（18）バターの製造工程では，クリームを金属製容器に入れ，約10℃で激しく撹拌して乳脂肪を融合させ，バター粒子として分離する操作をチャーニングという．
（19）チーズ製造で添加される有用微生物の培養物がチーズスターターで，乳酸菌スターターと酵母スターターがある．
（20）卵黄液を凍結すると，リポたんぱく質が変性してゲル化する． 重要

4 水産食品の加工

4.1 水産食品の特性

　魚や貝，えびやかに，のりなど，海や川，湖などで採れる動・植物食品およびそれらの加工品を総称して水産食品といい，その種類は多岐にわたっている．なかでも魚介類（水産動物の総称）は，四方を海に囲まれたわが国では昔から多量に消費されてきた．しかしながら，増養殖されているものを除けば，多くの魚介類は，漁期や漁獲量が一定でなく一度に大量に水揚げされることもよくあり，計画的に生産ができない．さらに魚肉は平均すると，畜肉と比べて水分含量が 70 〜 80 % と一般に多いこと，また筋肉たんぱく質中の肉基質たんぱく質が少なく，筋肉組織が脆弱であり容易に傷つくことなどから，自己消化や微生物の繁殖が起こりやすく，その結果，大変腐敗しやすい面ももち合わせている．また近年，動脈硬化症などの予防が期待できると栄養学的にも注目されているイコサペンタエン酸（IPA）やドコサヘキサエン酸（DHA）などの n-3 系列の高度不飽和脂肪酸が魚油中に多く含まれているが，これらは元来，自動酸化を起こしやすく，品質低下を招きやすい．

　したがって，これらの欠点を補い魚介類の保存性を高めることは，飢えから逃れるための人びとの昔からの切なる願いであった．水産食品の加工は，これらの課題を克服してきた先人の知恵の結晶といえよう．ここでは，水産加工食品のうち，おもなものについて述べていく．

4.2 水産冷凍品

　前節でも述べたように，魚介類は，一度にたくさん水揚げされたものを貯蔵しなければならない場合が多い．そこで，獲られた魚介類に大きく手を加えることなく，鮮度よく長期間貯蔵するために，凍結の手法がよく用いられている．

　現在，水産冷凍品は，その処理方法により，1）生鮮魚介類冷凍品，2）加工冷凍品（凍結したかまぼこやちくわ，干し魚など），3）調理冷凍品（凍結したフライ類やフィッシュバーグ，フィッシュボールなど），などに分類することができる．これらのうち，生鮮魚介類冷凍品について解説する．

自己消化
生物が死亡した後，微生物によらず，生物それ自身に含まれている各種の酵素により，生物が分解される現象のことである．

イコサペンタエン酸
エイコサペンタエン酸とよばれた．IPA（EPA）と略される．

Plus One Point

水産加工食品のはじまり
平城京の遺跡から出土した「木簡」（文書などを記した小さい木札）からは，魚や貝の干物が税の一つとして都に運ばれていたことがうかがえる．水産食品の加工は，早くから行われていたようである．

加工冷凍品，調理冷凍品
冷凍品は，生鮮魚介類を凍結させ，貯蔵後解凍して利用するものが主流であったが，最近では，加工や調理をした後に冷蔵や凍結をすることも幅広く行われている．

（1）水産物の冷凍

　魚介類を急速に凍結し，鮮度よく貯蔵するために，おもに表4.1に示す方法を用いて処理し，凍結している．細菌に冒されやすいえらの部分や，自己消化の原因となる消化酵素をはじめ，さまざまな酵素をたくさん含有している内臓などは，多くが早い段階で取り除かれる．解凍後の品質劣化防止のためである．そのほか貝類はむき身にした後に，またえび類はそのままか，頭や内臓を取り

表4.1　魚介類の処理形態とその名称

処理形態	処理方法	適用魚種
丸	原形のままのもの	いわし，さば，さんま，あじ，かつお，いか，たい，びんなが，ほっけ
セミドレス	えら，内臓を取り除いたもの	さけ，ます，まぐろ，さめ，にじます
ドレス	えら，内臓，頭を取り除いたもの　ひれおよび尾を取り除く場合もある	さけ，ます，たら，えび
フィレー	ドレスを三枚におろし背骨を取り除いたもの	めかじき，かれい，すけとうだら，まぐろ，おひょう，しいら
チャンク	①ドレスを輪切りにしたもの　②フィレーを横切りにしたもの	めかじき，まぐろ
角切り　落とし身　すり身	正肉をさいの目に切ったもの　採肉機で取った正肉，砕肉　擂潰機にかけてすりつぶした肉	

表4.2　凍結速度による魚肉内の氷の分類

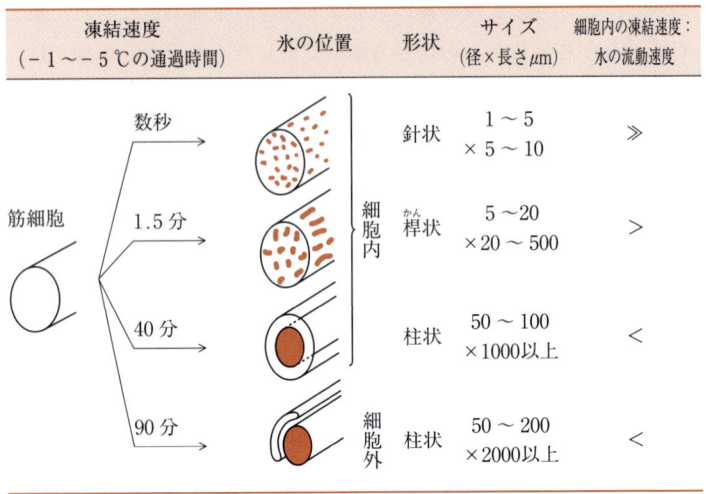

凍結速度（−1〜−5℃の通過時間）	氷の位置	形状	サイズ（径×長さμm）	細胞内の凍結速度：水の流動速度
数秒	細胞内	針状	1〜5 × 5〜10	≫
1.5分	細胞内	桿状	5〜20 × 20〜500	>
40分	細胞内	柱状	50〜100 × 1000以上	<
90分	細胞外	柱状	50〜200 × 2000以上	<

須山三千三，三輪勝利，「水産加工」，〈最新食品加工講座〉，建帛社（1981），p.51.

0℃直下の温度帯を利用した貯蔵方法

わが国ではパーシャルフリージングや氷温貯蔵とよばれている方法が，これにあたる．この温度帯で貯蔵すると氷蔵などに比べて鮮度が長期間保てる．家庭では，刺身の保存などに用いられている貯蔵方法である（8章参照）．

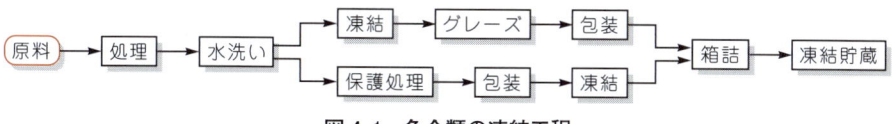

図 4.1　魚介類の凍結工程

除いた後に凍結している．

　魚介類は水分が比較的多いために急速凍結を行う．含まれる水分の約 80 % が氷となる温度帯，最大氷結晶生成帯（約 −1 〜 −5℃）を短時間で通過させる必要があるからである（p.104 参照）．表 4.2 に示すように，この温度帯を緩慢に通過すると氷の結晶が大きくなり，筋組織を圧迫または破壊する．解凍時には細胞質の一部がドリップとして流出し，品質劣化につながる．凍結の工程は，図 4.1 に示す方法が一般的である．なお，凍結方法としては，以下の方法などが用いられている．

　空気凍結法：冷却した部屋に魚介類を並べて凍結する方法．急速凍結ができないため，近年あまり用いられない．

　送風（エアブラスト）凍結法：断熱したトンネル状の部屋の中に魚介類を並べ，−30 〜 −40℃ の空気を送り込んで凍結する方法．

　接触式（コンタクト）凍結法：冷媒により −25 〜 −40℃ に冷却した金属板で魚介類をはさみ凍結する方法．

　浸漬（ブライン）凍結法：冷却した食塩水や塩化カルシウム水，プロピレングリコールなどに魚介類を浸漬し凍結する方法．空気よりも液体のほうが，熱伝導性に優れているので冷却効率がよく，急速凍結することができる．浸漬液のことをブラインともいう．

　液化ガス凍結法：非常に低温の液体窒素（−196℃）や，液体二酸化炭素（炭酸ガス）（−79℃）を吹き付けて瞬時に凍結する方法．

（2）凍結貯蔵中の品質の変化

　冷凍水産食品は貯蔵中に昇華による乾燥が生じ，組織の多孔質化（とくに，たら肉は保管中に多数の孔が生じ，解凍するとスポンジ化する）をもたらしたり，体表面や肉質の変色，脂質の酸化（油焼け），たんぱく質の冷凍変性による肉質の変化などが生じ，商品価値が低下する．これらを防ぐために，まず空気を遮断する方法としてグレーズをかけたり，保護処理をして包装を行う（図 4.1 参照）．空気がその変化の必要条件である乾燥や変色，脂質の酸化などを防ぐためである．

　その他の保護処理として，解凍時のドリップを防ぐために行う塩水への浸漬操作（ブライン処理）や，凍結中に生じる油の酸化や油焼けを防止するために，抗酸化剤を含む液に浸漬する処理などがある．

　また，たんぱく質の変性は，原料魚の鮮度，凍結速度，凍結貯蔵温度などの要因にも左右される．鮮度のよい魚介類を急速に凍結し，少なくとも −18℃

油焼け

油脂の多い魚の冷凍品や乾燥品を貯蔵しておくと，腹肉やえらぶたが橙赤色に変色することがある．この現象を油焼けという．これは，魚類に含まれる油脂が高度不飽和脂肪酸を多く含んでおり，貯蔵中にそれらが空気と接触すると自動酸化を起こすためである．二次生成物であるカルボニル化合物（アルデヒドなど）が発生し，これがアミノ化合物（たんぱく質やアミノ酸など）と反応すると赤褐色の粘稠な物質が生成する．

酵素の関係しない変色

かつおなどは，貯蔵中に酸化によりミオグロビンがメト化することで褐色化する．

グレーズ

氷の皮膜を意味し，凍結した魚介類を 0 〜 4℃ の水に漬けたり，冷水を噴霧し表面に薄い氷の膜をつくることで，空気との接触を絶つことができる（p.97 参照）．

以下の温度で貯蔵することにより，たんぱく質の大きな変化を防ぐことができる．しかしながら，徐々にではあるが凍結貯蔵中にたんぱく質は変性してゆく．これらを防ぐために，ショ糖やソルビトール，重合リン酸塩などの冷凍変性防止剤が冷凍すり身などに加えられている．また酵素の関係する変色は，凍結前に短時間の加熱処理をし酵素を失活させた後に凍結すると防ぐことができる．

> **酵素の関係する変色**
> えび類などは，チロシナーゼによりメラニンが形成され黒くなる．

（3）解凍

魚介類は，表4.3に示すように，解凍時の温度が高くなるほど，たんぱく質の変性が生じやすいので，低温でゆっくりと解凍する必要がある．この点が，凍結したα化でんぷんなどの解凍と異なる点である（凍結したご飯は，速やかに解凍したほうがβ化が生じず，おいしく食べられる）．また解凍した魚介類は，凍結前の新鮮なものと比べると品質の劣化が進みやすいので，解凍直後か半解凍の状態で用いたほうがよい．

表4.3　解凍条件と魚肉たんぱく質の変性

温度(℃)	解凍に要した時間	解凍後の未変性筋原繊維たんぱく質量(%)
凍結前		92
5	3時間	90
20	3時間	84
30	30分	79
50	15分	34

水中で解凍した場合．

4.3　水産乾燥品

水産乾燥品は，水産物中の水分を乾燥により取り除くことで水分活性を下げ，保存性を増した加工食品である．最も簡便な方法として古くから用いられてきたが，節(ふし)類以外は，油脂の自動酸化やたんぱく質の変性，かびの発生などが貯蔵中に起こりやすく，長期保存には不向きな加工品でもある．おもな水産乾燥品とその製造方法を，表4.4および図4.2に示す．

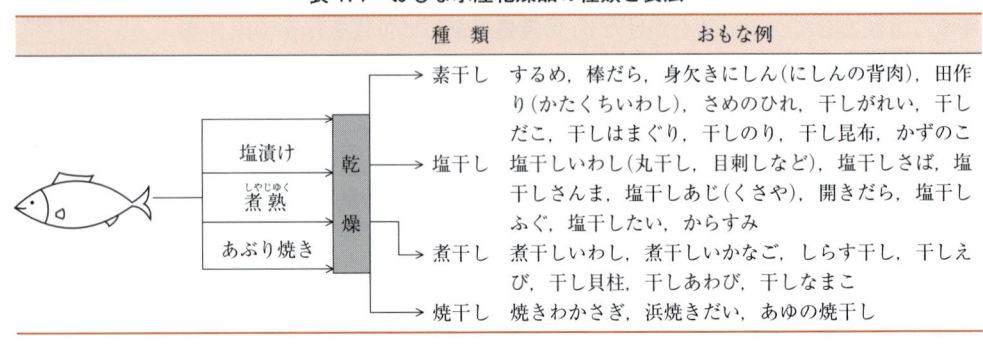

表4.4　おもな水産乾燥品の種類と製法

種類	おもな例
素干し	するめ，棒だら，身欠きにしん(にしんの背肉)，田作り(かたくちいわし)，さめのひれ，干しがれい，干しだこ，干しはまぐり，干しのり，干し昆布，かずのこ
塩干し	塩干しいわし(丸干し，目刺しなど)，塩干しさば，塩干しさんま，塩干しあじ(くさや)，開きだら，塩干しふぐ，塩干したい，からすみ
煮干し	煮干しいわし，煮干しいかなご，しらす干し，干しえび，干し貝柱，干しあわび，干しなまこ
焼干し	焼きわかさぎ，浜焼きだい，あゆの焼干し

（塩漬け／煮熟(しゃじゅく)／あぶり焼き → 乾燥）

（1）素干し

素干しは，魚介類や海藻類などの生鮮水産物をそのまま，または調理・水洗した後に乾燥させたもので，製品には素朴な風味がある．しかし，簡便法ゆえに肉厚のものには不向きな点や，加熱しないために含有酵素が失活せず，貯蔵中に品質の劣化が起こりやすい欠点も併せもっている．素干し品には，そのまま食用とされるもの(するめなど)と水で戻してから使用されるもの(干しだらなど)がある．

（2）塩干し

塩干しは，魚介類を適宜調理してから塩漬けした後に乾燥させたもので，塩蔵の効果に加えて乾燥により水分活性を低下させ，微生物の繁殖を抑え貯蔵性を増した製品である．塩漬けの方法には魚介類に直接塩をふりかけるふり塩漬け法と，原料を食塩水に漬ける立て塩漬け法，さらに両者の中間的な方法としてタンク内でふり塩漬けを行い，魚介類から多量の水を出させることで食塩水に漬けるのと同じ効果を期待する改良立て塩漬け法がある．一般に，塩漬けのおもな目的が味付けである場合には，立て塩漬け法か改良立て塩漬け法が用いられるが，十分乾燥することで貯蔵性のよい製品を得ようとする場合には，ふり塩漬け法が用いられることが多い．

原料は，表4.4に示したように大衆魚(いわしやさんま)が主であるが，一部高級魚(ふぐやたい)も用いられる．からすみは，ぼらの卵巣を原料としたもので，珍味として有名である．これら塩干し品も近年は，塩味の濃いものや硬くなるまで干したものは敬遠される傾向にある．食塩量も低く乾燥程度もわずかなものが増えたため保存性が低下しており，要冷蔵のものが多く見受けられる．

（3）煮干し

その名のとおり，原料の魚介類を煮熟してから乾燥させた製品である(表4.4参照)．煮熟により含有酵素が失活するとともに，付着している微生物も死滅するので自己消化による品質劣化が防止されると同時に腐敗も抑えることができる．また，この煮熟が原料内の水分と皮下脂肪分の減少をもたらすので，乾燥しやすく，さらに乾燥中に油焼けなどの現象が起こりにくくなる．ただし，煮熟中にうま味成分が流出してしまう欠点がある．

（4）焼干し

魚介類を焼いてから乾燥させたもので，焼き方にコツがいるため，地方の名産品として出回っている場合が多く，生産量はわずかである．原料の表面を焼くため煮干しと違って，原料中のうま味成分が失われにくく，また焼くことによってできる焦げも風味を加える役目を果たしている．

（5）節類

かつお節や雑節のほか，それらを薄片に削った削り節なども一括して節類という．一般にかつお，あるいは，そうだがつお以外のまぐろ，さば，いわしなどの魚種を原料としている節類のことを雑節という．

かつお節の原料（急速冷凍されたかつお）

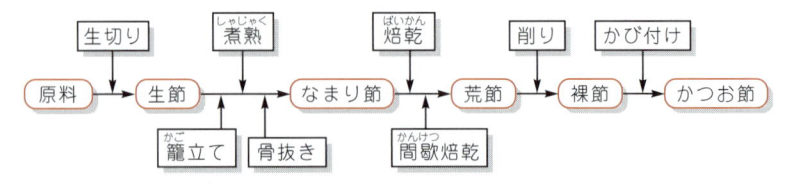

図4.2　かつお節の製造工程

Plus One Point

かつお節のルーツ

かつお節の原形は，平安時代の「延喜式」（律令の施行細則）に堅魚の名前で見られる．いまのように燻して乾燥し，かび付けをしたものは，江戸時代に現れてくる．

本節

3g以上のかつおを3枚におろした後，背と腹に切り分けたものを原料として製造したかつお節を本節という．1本のかつおより背，腹各2本ずつ，計4本ができ上がる．背側を「雄節」，腹側を「雌節」とよぶ．

亀節

3kg以下のかつおを3枚におろした後，そのまま加工し1本のかつおより左右2本のかつお節にしたものを亀節という．形が亀の甲羅に似ていることから付いた名前である．

かつお本節　　かつお亀節
カネニニシHPより転載．

　図4.2に示したように，かつお節の製造には，手間ひまがかかり，全製造工程を終了するのに最低150日を要する．5kgの生かつおが製品になると800～900gにまで重量が減少する．すなわち，その分徹底的に水分を取り除いていることになる．これは，かび（*Aspergillus glaucus* など）が，その生育に他の微生物と比べ水分を多く必要とする性質を利用したもので，かび付け・日乾を繰り返すうちにかつお節内部の水がほとんどなくなるためである．大量に水分が取り除かれることと，かびの繁殖により他の微生物がいっさい繁殖できなくなるので，かつお節はいつまでも常温で保存できるのである．またかびはさまざまな酵素を生産しており，その結果たんぱく質やATPが分解されうま味成分であるアミノ酸や5′-イノシン酸が蓄積される．また油脂も分解されるので，かつお節からとっただし汁の表面に油脂が浮かんでくることはない．まさに，日本人の知恵を結集させた水産加工食品である．

4.4　水産練り製品

　魚肉に食塩などを添加して擂潰し，成型後加熱したものを水産練り製品という．代表的な水産練り製品とその加熱法を表4.5に示す．

（1）製造原理

　魚肉筋肉を構成する筋原繊維たんぱく質（アクチンやミオシンなど）は，グロブリン系のたんぱく質であるため塩を添加すると溶出し，互いに絡まり合い粘稠な肉のりを形成する．これを一般にすり身とよぶ．成型したすり身を加熱すると，たんぱく質が凝固し水を抱え込んだまま網目構造を形成し弾力のあるゲルが得られる．とくにかまぼこの場合，このような弾力のことを「足」とよんでいる．したがって，原料の魚肉が新鮮でなくたんぱく質が変性しているような場合は，アクチンやミオシンの抽出もよくなく弾力の劣った（足が低下した）練り製品となる．この足を補強するために，でんぷんや卵白が品質改良剤として添加されている．

（2）原料魚

　原料は，基本的にどんな種類の魚でも使用できる．しかし，練り製品の品質は，色，香り，味，弾力（足）によって評価されるので，原料魚は色が白く，うま味成分に富み，ゲル形成性がよいことが望まれる．現在，原料魚としてすけとうだら，えそ類やぐち類を筆頭に，さめ類，はも，かますなど100種類以上の

表 4.5 水産練り製品の種類

製品		加熱法	おもな産地	備考
かまぼこ	蒸しかまぼこ	蒸し	全国	おもに板に盛りつける
	焼きかまぼこ	蒸してから表面をあぶり焼き	関西	
	焼き抜きかまぼこ	あぶり焼き	西日本	
ちくわ	焼きちくわ	あぶり焼き	東北 北海道 九州	串に巻きつけて加熱
	蒸しちくわ	蒸し		
揚げかまぼこ		油で揚げる	全国	
魚肉ソーセージ,ハム		ゆで	全国	ケーシングに詰める
特殊製品	はんぺん	ゆで	東京	やまのいもを添加
	しんじょ	ゆで	関西	
	だて巻き	あぶり焼き	全国	卵黄を添加
	なると巻き	ゆで,または蒸し	静岡	切り口が赤いうず巻き
	包装かまぼこ	ゆで,または蒸し	全国	魚肉ソーセージと同様にケーシングに詰める

近末 貢編,「図解食品の貯蔵・加工」,医歯薬出版(1968),p.207.

魚が利用されている．しかし，単一魚種で上記の条件を満たすものは少なく，数種類の魚を配合して用いられるのがふつうである．

原料魚のなかで多く使われているのは，すけとうだらである．この魚は多量に獲れたが，凍結保存すると冷凍変性を起こし，その肉質がスポンジ化するために商品価値は低かった．このすけとうだらを原料として，1960年ごろに冷凍すり身が開発された．

製法は，採肉し，水洗いした後，冷凍変性防止効果をもつショ糖およびソルビトールをそれぞれ4％程度(低濃度のポリリン酸なども一緒に)加えて，擂潰後凍結させる．このように製造した冷凍すり身は，$-20℃$以下で貯蔵されると品質の劣化が生じにくい．年々さまざまな社会環境の変化により優良原料魚は入手が難しくなってきている．練り製品の原料としては，全国的にすけとうだらの冷凍すり身をはじめ，各種冷凍すり身に頼る傾向が顕著である．

(3) かまぼこ

かまぼこの製造工程を図4.3に示す．原料魚から頭および内臓を除去し水洗いする．まぐろやさめのような大型魚でない限り，採肉機を用いて採肉する．得られた魚肉は，皮下脂肪や血液などを含んでいるため魚肉の数倍量の水でよく洗う(水さらし)．この操作により，加熱時にゲル形成を妨げる水溶性の物質

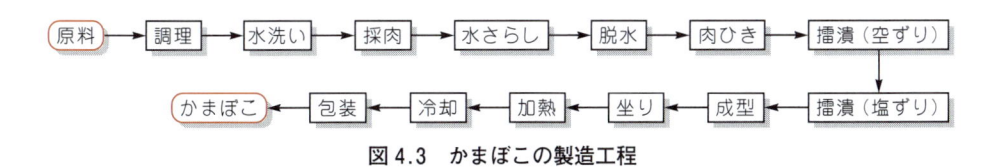

原料 → 調理 → 水洗い → 採肉 → 水さらし → 脱水 → 肉ひき → 擂潰(空ずり) → 擂潰(塩ずり) → 成型 → 坐り → 加熱 → 冷却 → 包装 → かまぼこ

図4.3 かまぼこの製造工程

が取り除かれるが，洗いすぎるとうま味成分も流出してしまうので注意を要する．採肉後肉ひき，または裏ごしを行い締結組織や小骨を取り除き，サイレントカッターや擂潰機にかけ，肉組織を破壊する（空ずり）．食塩を添加し筋原繊維たんぱく質を溶出させて粘稠な塩すり身を得る（塩ずり）．このときに調味料や副原料も添加する．ここまでは，低温で処理される．その後，板に付け成型し，室温で放置しておくと粘稠性を失ってゲル化する．これを坐りといい品質のよいかまぼこを得るためには，この操作が欠かせない．坐り後，加熱するが，蒸気によって加熱する方法とあぶり焼きにして加熱する方法とがある．加熱することによってかまぼこは，そのゲル構造が引き締まり独特の足をもつようになる．日本各地には伝統的な名産品が数多くあり，成型の仕方や調味料の種類，加熱法などの差異により各地方の特徴が表れている．

（4）ちくわ

ちくわ成型器を使用し，長方形に成型された塩すり身を回転している金串に巻き付け，焼き上げる．製造方法は，原則的にかまぼこと同じだが，ふつうは坐り操作を省略している．

（5）はんぺん

はんぺんは東京都や千葉県の特産品で，さめ類を主原料として用い，食塩添加後の擂潰中に，おろしたやまのいもを10～15％加え空気を抱かせる．容積が2倍近くに増した後85℃前後の湯につけて加熱し，製品とする．軽くふんわりとした食感が特徴である．

（6）魚肉ソーセージ

魚肉を使ってソーセージ様のものをつくろうとする試みは，古くから行われていたが，1954年の水爆実験（ビキニ環礁）で価格が暴落したまぐろやかじきを用いて製造が始められた．図4.4に示すように魚肉ソーセージは，まず魚肉以外に副原料として畜肉などを混ぜ，食塩のほかに調味料や香辛料を用いて味を調え擂潰する．粘稠な肉のりを得た後，塩化ビニリデンの袋などに詰め加熱殺菌して製品とする．畜肉から製造するハムやソーセージと異なり燻蒸はほとんど行わない．まぐろ肉や鯨肉，マトンなどを用いる場合には，色調を整えかつ保水性をよくするために塩漬け処理を行ってから肉ひきをする．塩漬け処理は，食塩，亜硝酸塩，ビタミンC（アスコルビン酸），エリソルビン酸，重合リン酸塩などの塩漬け剤を用いて，2～3cmに切った肉片を1～3日間冷蔵庫内で漬け込む操作である．その間に肉中のミオグロビンは，安定なニトロソミオグロビンへ変化する．加熱殺菌は，ソーセージの中心部温度が120℃となる条件

Plus One Point

ちくわは室町時代の古文書に「蒲鉾」の名で登場しており，水産練り製品のルーツである．もともとは，塩すり身を手で握って竹串に付け，あぶり焼きにしたと考えられている．

Plus One Point

静岡に「黒はんぺん」，伊勢に「はんぺい」など名前の似たものがあるが，はんぺんとは別のものである．

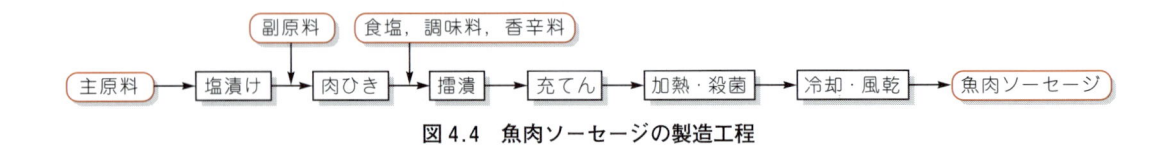

主原料 → 塩漬け → 肉ひき → 擂潰 → 充てん → 加熱・殺菌 → 冷却・風乾 → 魚肉ソーセージ
（副原料 → 肉ひき）（食塩，調味料，香辛料 → 擂潰）

図4.4　魚肉ソーセージの製造工程

で，4分間以上行われる．冷却後もう一度 90 〜 100℃ で 1 分間加熱し，しわを伸ばしてから風乾し製品とする．

（7）かに風味かまぼこ

コピー食品の一種である．かまぼこを糸状に切断し，すり身を用いて切断したかまぼこをつなぎ，棒状に成型後，加熱して製造する方法(刻み方式，図 4.5，a)と，すり身を薄いシート状に成型後，加熱し製めん器に類似した機械を用いて刻み目を付けてから丸めて棒状とする製造方法(製めん方式，図 4.5，b)のどちらかでつくられる．表面に着色料で染めたすり身を塗り重ねて加熱すると完成品となる．かに風味は，かにエキスなどの調味料を用いて付加している．かに風味かまぼこは，1975 年ごろ日本人が考え出したコピー食品であるが，風味や食感，外観などが高価なかに肉に類似していることから，その消費は全世界に広がり，いまや，国外での生産量が日本での生産量を上回った加工品でもある．

コピー食品
組立て食品，イミテーション食品ともいう．

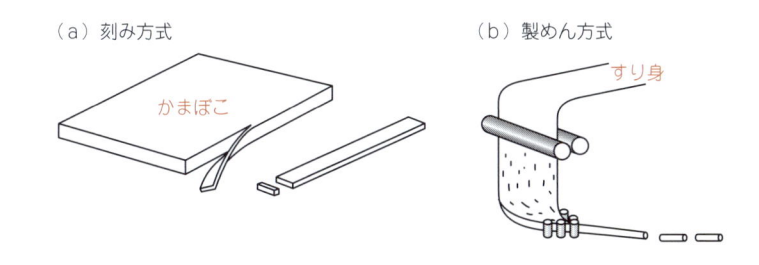

図 4.5 かに風味かまぼこの製造方法
「ポシェット総合食品辞典」，桜井芳人 編，同文書院(1984)，p.174．

4.5 水産塩蔵品

魚介類を塩漬けして貯蔵する方法は，乾燥法と並んで古くから行われている．後に述べる塩漬けの貯蔵原理と，4.3 節で述べた食塩添加法を生かしてさまざまな塩蔵品が製造されている．近年では，健康への配慮や冷凍・冷蔵庫の普及で低塩分の製品が増えてきている．また，塩蔵中に自己消化や発酵を起こす場合もあり，これを積極的に利用したものが塩辛である．塩蔵品の一般的な製造工程を図 4.6 に示す．

（1）塩蔵魚類

貯蔵中の自己消化や発酵・腐敗を避けるために魚体の内臓を除去したり，細菌が多いえらを頭ごと除いたものを塩漬けしてつくる．原料魚としては，いわしやさんまなどの多獲魚からさけやます類まで多種類のものが利用されている．

よく見られる塩蔵品として新巻（あらまき）さけがある．さけの腹部を開き，内臓を取り

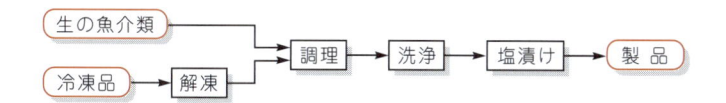

図 4.6 塩蔵品の製造工程

出し，十二分に洗浄した後，粗塩をまぶす．そのまま木箱に入れ塩蔵して製造する方法（箱切）と，箱切より多めの塩を魚体にまぶした後に大きな容器の中に積み重ね，その上に石を載せて，漬けもののようにしっかりと塩漬けにして製造する方法（山積）とがある．用塩量は，製造方法や季節により異なるが，魚体重量の約 20～30％ である．

（2）魚卵

すじこ，いくら（さけ・ますの卵），たらこ（すけとうだらの卵），かずのこ（にしんの卵）が有名である．すじこやいくらなどの軟らかい魚卵は，形が崩れないよう飽和塩溶液につける立て塩漬け法で，ほかは，ふり塩漬け法で漬けられる．食塩濃度は種類によって異なるが，7～15％ くらいの範囲で用いられる．良質の製品をつくるには，原料が新鮮かつ熟成卵であることが必須条件である．

（3）塩辛

いかやかつお，うにの塩辛が有名である．それぞれ筋肉部分と内臓などを一緒に塩蔵し，自己消化および微生物の作用を利用して熟成させたものである．熟成中に，筋肉や内臓中の自己消化酵素，および微生物の働きによりたんぱく質が分解し，ペプチドや遊離アミノ酸類が増大する．また，それに伴い揮発性塩基類も増加してくるため独特の香味をかもし出す．

とくにいかの塩辛については，図 4.7 に示すように，加える食塩量により作用する酵素群が異なるため，それぞれの食塩濃度下で製造される塩辛ごとに味が異なることがわかっている．食塩濃度は，漬け込む時期にも左右され一概にいえないが，10～25％ 濃度で用いられる．

> **すじこといくら**
> すじこは，さけ，ますの卵巣を取り出し，卵巣膜に包まれたまま塩蔵したものである．いくらは，その卵巣内にある卵を魚卵分離器を用いて一粒ずつ分けてから塩蔵したもので，原料は同じである．

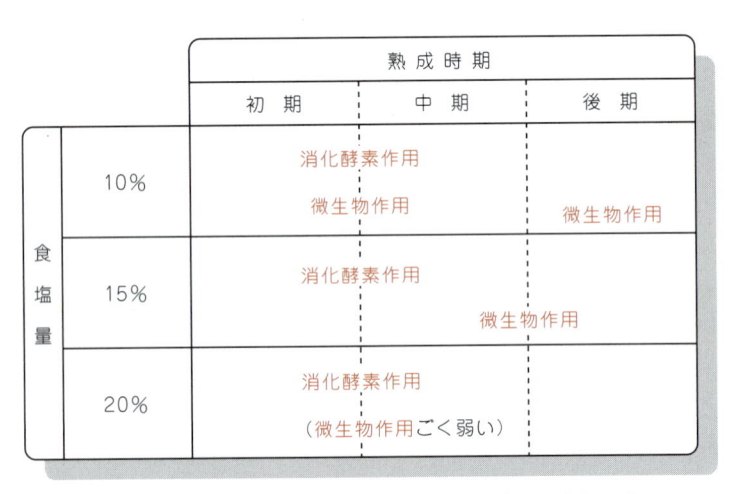

食塩量	熟成時期 初期	中期	後期
10%	消化酵素作用 微生物作用		微生物作用
15%	消化酵素作用	微生物作用	
20%	消化酵素作用 （微生物作用ごく弱い）		

図 4.7　いかの塩辛の熟成に関与する消化酵素と微生物の作用
佐藤　信監，「食品の熟成」，光琳（1984），p. 648.

4.6 調味加工食品
(1) 魚醤油
魚醤油は，"うおしょうゆ"ともよばれ，魚介類をその内臓などとともに塩漬けし熟成させたしょうゆ状の調味料のことで，塩辛の仲間と考えればよい．熟成中に多量のアミノ酸が生成してくるため濃厚なうま味が生まれる．日本では，はたはたやいわしなどからつくる秋田県の「しょっつる」，するめいかの内臓からつくる新潟県や石川県の「いしる」が有名である．しかしながら，現在では，一般に調味料として用いられることは少ない．一方，東南アジアでは，現在も魚醤油が調味料の主流を占めており，タイの「ナムプラー」，ベトナムの「ニョクマム」(どちらもいわしなどが原料) などが有名である．

(2) つくだ煮
つくだ煮は，魚介類や農畜産物を，しょうゆを主成分に，副成分として水あめ，砂糖，みりんなどを含む濃厚な調味液を用いて煮熟したものである．のりのつくだ煮などが有名であるが，比較的長時間煮熟するため，水分活性が 0.7 付近まで低下し，室温でも長期の貯蔵 (少なくとも 20 日以上) ができる食品である．同じような製造法を用いてつくられるものに甘露煮，しぐれ煮，あめ煮などがある．

(3) みりん干し，魚せんべい，さきいか
どれも調味乾燥品の一種である．みりん干しは，生鮮魚介類をしょうゆ，砂糖，みりんを主成分とした調味液に漬け込んだ後，乾燥させたものである．また魚せんべいは，原料を生干しの状態で調味液に漬け込み半乾燥させた後に焼成したものである．さきいかは，皮をはいだいかの胴部を調味液に漬けた後，いったん生乾きにする．その後，焙焼により胴部を裂き，さらに調味液に漬け込み乾燥させたものである．

(4) 水産漬けもの
魚介類を塩蔵し，こうじや酒粕，みそ，しょうゆ，酢などに漬け込み発酵熟成させたものである．地方色が強く，地場産業の名産品として知られているものが多い．なれずし (あゆずし，ふなずしなど)，こうじ漬け，粕漬け，酢漬けなどの製品がある．

4.7 水産缶詰
日本での缶詰産業は，1871 年長崎でいわしの油漬け缶詰が製造されたことにより始まった．その後，缶詰の利便性が評価され，とくにさけ，ます，かにの缶詰産業は大発展し，主力輸出品の一部を形成するまでに成長した．現在でも日本は，世界でも有数の水産缶詰生産国である．近年は，金属缶に代えてレトルトパウチを使用したものも少しずつ増えてきている．

魚介類の缶詰には，水煮，味付け，油漬け，トマト漬け，かば焼きなどの缶詰がある．これらの違いは，肉詰めまでの処理法と注入される液の種類によっ

Plus One Point

かに缶詰の内装紙

かに缶詰の中身は硫酸紙で包まれている．これは，かに肉中のたんぱく質が硫黄に富んでいるため，容器の鉄分と結合し，硫化鉄が生じやすいからである．硫化鉄が生じると缶詰内で黒い斑点ができ品質が劣化する．この現象を硫化変色という．そこで，これを防ぐために缶の内面をコーティングするとともに，かに肉を硫酸紙で包んでいる．

表 4.6 水産缶詰の種類

種類	肉詰めまでの原料の処理	注入液	おもな原料
水煮缶詰	生または，蒸煮する	食塩または，食塩水	まぐろ，さけ，かに，いわし，さば，いか，貝類など
味付け缶詰（大和煮缶詰）	蒸煮する	しょうゆ，砂糖などでつくった調味液	さんま，さば，いわし，かつお，くじら，いか，貝類など
油漬け缶詰	蒸煮または，油で揚げる	食塩と油を加える	まぐろ，いわし，さけ，ます，にしんなど
トマト漬け缶詰	生で肉詰め後蒸煮	食塩入りのトマトピューレ	いわし，さんまなど
かば焼き缶詰	焼く	たれ	うなぎ，さんまなど

表 4.5 と同掲書，p.204 より改変．

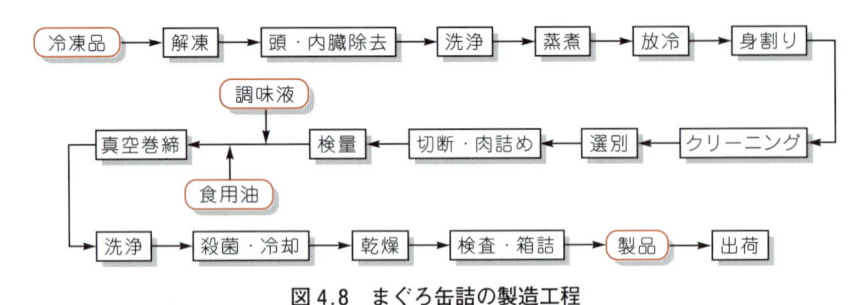

図 4.8 まぐろ缶詰の製造工程
日本缶詰協会ホームページ　http://www.jca-can.or.jp/handbook/04.htm

ている．それらの違いを表 4.6 に示す．また，水産缶詰の製造法の代表例として，まぐろ缶詰の製造工程を図 4.8 に示す．

4.8 水産燻製品

燻製品は，塩漬けまたは調味してから畜肉や魚肉に煙を当て，その熱による<u>脱水作用</u>と煙成分による<u>防腐効果</u>を利用した保存食品である．魚介類では，保

加熱殺菌しない缶詰

　缶詰は，加熱殺菌することにより保存性を増した加工食品である．ところが，スウェーデンには，にしんを原料としてつくられる加熱処理をしない缶詰がある．なぜ，加熱処理をしないのだろう？　それは，缶詰の中で発酵を起こさせるからである．空気のない状態で乳酸菌を主とした菌により発酵を進めると，プロピオン酸や酪酸，あるいはアンモニアや硫化水素などが発生し強烈な異臭を放つようになる．そのにおいたるや，くさややふなずしの比ではないそうで，かげば気絶するかも……．缶は，内部で多量のガスが発生しているので，内側から押されてパンパンに膨らんでいる．

　この缶詰は，シュールストレンミングといい，加熱殺菌をしていないため，食品衛生法により日本への輸入は禁じられているが，世界で最も臭い食品の一つである．勇気のある人は，スウェーデンに旅行したときに試されてはいかが？　毎年 8 月にはシュールストレンミング祭が催されるそうである．

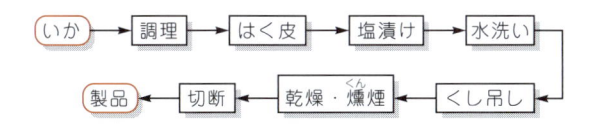

図 4.9 いかの燻製の製造工程

存性の向上だけでなく，燻煙処理により魚の生臭さが著しく改善される効果も期待される．日本では，にしんやさけ，いかの燻製が有名であるが，いずれも酒の肴扱いの域を出ず，生産量はあまり多くない．

図4.9に，いかの燻製の製造工程を代表例として示す．魚介類ではさまざまな燻製法のうち，低温度(15〜30℃)で長時間(1〜3週間)かけて燻煙する冷燻法，やや高温(50〜80℃)で短時間(1〜12時間)で燻煙する温燻法，また，燻煙成分を含む調味液につけた後乾燥させる液燻法をおもに用いて製造している(表8.1参照)．

近年は，家庭に冷凍冷蔵庫などがいき渡ったため，燻製品には保存性よりもよい風味を期待する傾向が顕著である．そこで，昔のように多くの食塩を用いず，また，肉質が硬くならないように適度の水分を残す程度に燻煙する場合が多い．したがって，スモークサーモンなどもそのままでは保存性は期待できず，ほとんどの製品が要冷蔵となっている．

4.9 海藻加工品

海藻類は，海に囲まれた国土で暮らしてきた日本人の食生活にはなじみ深い食品の一つである．その多くは，素干し品として加工され，用いられてきた．最近では，含まれている成分(食物繊維，微量栄養素など)に第三次機能が期待されることから，新たに注目を集めている食品でもある．紅藻類のテングサなどからは心太や寒天が，スギノリやツノマタなどからはカラギーナンが，褐藻類のジャイアントケルプなどからはアルギン酸が製造されている．

(1) 昆布

干し昆布は，マコンブ，ガゴメコンブ，リシリコンブ，ホソメコンブなどを原料として，おもに北海道で生産される．乾燥後，昆布の幅や肉厚により，長切り昆布，元ぞろえ昆布，折り昆布，棒昆布および雑昆布に分けられる．これらの乾燥昆布を短時間酢に漬け込み軟化させた後，薄片に削ったものを削り昆布(おぼろ昆布)，細糸状に削ったものをとろろ昆布とよぶ．昆布のうま味はアミノ酸の一種であるL-グルタミン酸ナトリウムで，しいたけのうま味成分である5′-グアニル酸ナトリウム，かつお節のうま味成分である5′-イノシン酸ナトリウム(核酸成分)と並んで，日本食の妙味を引き出すだし成分となっている．

(2) わかめ

わかめは日本全土の暖流域に繁殖し，また養殖も盛んな海藻である．採取後のわかめを海水でよく洗浄した後乾燥させた素干しわかめのほか，採取後，真

水でよく洗浄し乾燥させた塩抜きわかめ，採取したわかめの表面にシダ類やススキ類の灰をまぶして乾燥させた(灰干し)鳴門わかめ，採取したわかめを沸騰水(真水)中で緑色になるまで煮た後乾燥させた湯抜きわかめがある．

（3）のり

　一般に干しのりは，紅藻類アマノリ属のアサクサノリおよびスサビノリを原料として生産されてきたが，現在では，ほとんどが養殖されたスサビノリを原料としている．採取したのりをよく洗浄し，チョッパーにかけて刻み，漉いた後乾燥させることにより製造している．干しのりを焦がさないように赤外線で短時間焼くと焼きのりに，また，調味液を表面に塗ってから乾かすと味付けのりになる．

（4）寒天

　紅藻類のテングサ属およびオゴノリ属の海藻から，粘性の多糖類成分(寒天成分)を熱水で抽出し冷却して得られるゲル状のものが心太である．この心太から水分を除去したものを寒天とよんでいる．寒天の主成分は，アガロース(約70％)とアガロペクチン(約30％)であり食物繊維の一種である．寒天は水で膨潤させると高温で融解し，冷やすとゲル状となるためゼリーやようかんをつくるときの原料として用いられる．

　製法により自然寒天と工業寒天に分けられる．自然寒天は，心太を冬場外気で凍らせて乾燥させる(凍結乾燥)ことにより得られる．一方，工業寒天は，心太を圧搾機で脱水し，できるだけ水を除いた後に乾燥機で熱風乾燥して生産される．現在では，工業寒天がほとんどを占める．

4.10　その他の水産加工品

　魚介類からは，前節までにあげてきた各種加工品のほかにも，濃縮魚たんぱく質や濃縮エキス，魚油などが生産されている．

　濃縮魚たんぱく質は，魚肉からたんぱく質成分を抽出し，乾燥したもので，家畜や家禽の肉に混ぜ合わせてもテクスチャーに変化をもたらすことがない．そこで，将来，肉製品への配合素材として期待がかけられているが，現在は，試作されている段階である．

　濃縮エキスは，魚介類の生体組織を熱水で抽出すると溶出してくる遊離アミノ酸，ペプチド，ヌクレオチドなどのエキス分を精製・濃縮したものである．インスタントめん類用のスープ，だしの素などの加工素材として用いられている．

　魚油は魚体から採取した油のことをいう．不飽和脂肪酸を多く含み酸化されやすいため，水素添加を行い硬化油として用いられることが多い．魚油の硬化油は，マーガリンなどの原料となる．魚油には，いわし油，にしん油，さば油などがある．

練 習 問 題

次の文を読み，正しいものには○，誤っているものには×をつけなさい．

(1) IPA(EPA)やDHAは，いわしやさばなどの魚油に多く含まれる不飽和脂肪酸である． 重要
(2) カラギーナンは多糖類の一種で，褐藻類のジャイアントケルプなどから製造されている．
(3) グレーズは，解凍時のドリップを防ぐために行う塩水への魚体の浸漬操作のことで，この操作を行った後に凍結する． 重要
(4) 鮮度のよい魚介類を急速に凍結し，−5℃で貯蔵することによりたんぱく質の大きな変化を防止できる．
(5) 凍結した魚介類は，高温で短時間で解凍を行うとたんぱく質の変性が生じやすい． 重要
(6) 節類を除く水産乾燥品は，長期保存が利く加工品である．
(7) かつお節は，かびの作用により水分を減少させた加工食品である．
(8) なまり節の製造には，かび付けが行われている．
(9) かまぼこは，たんぱく質のコラーゲンが加熱凝固してゲル化したものである． 重要
(10) すけとうだらなどを原料として採肉，水洗後，ソルビトールやショ糖などを添加して擂潰後凍結したものを冷凍すり身という．
(11) 坐りとは，すりあげた魚のすり身を室温で放置しておくとゲル化することで，ちくわ製造工程の一つである． 重要
(12) はんぺんはさめ類を原料とし，食塩添加後の擂潰中にやまのいもを加えて空気を抱かせ湯につけて加熱し，ふんわりとした食感が得られるようにしたものである．
(13) 魚肉ソーセージの製造は，畜肉から製造するソーセージと同じく燻蒸操作を必ず行う．
(14) かに風味かまぼこは，コピー食品の一種で，刻み方式と製めん方式により製造されている．
(15) すじこといくらは，異なる種類の魚の卵である．
(16) 塩辛は，原料由来の酵素の働きを利用した食品である． 重要
(17) つくだ煮は，濃厚な調味料を用いて魚介類を比較的長時間煮熟するため水分活性が上がり，室温でも長期の貯蔵ができる食品である．
(18) かに缶詰では，中身が硫酸紙で包まれている．これは，保存中に生じる硫化水素の発生を抑えるためである．
(19) 昆布のうま味は，L-グルタミン酸ナトリウムである． 重要
(20) 紅藻類のテングサなどは寒天成分を含み，熱水で抽出することによって得られる．この寒天の主成分は，アガロースとアガロペクチンである． 重要

5 食用油脂および調味食品

5.1 食用油脂

油脂は，炭水化物やたんぱく質とともに三大栄養素の一つとして重要な成分である．有効エネルギーが高く（約 9 kcal/g），体内では合成できない必須脂肪酸（リノール酸，リノレン酸，アラキドン酸）を供給するほか，ビタミン A, E の供給源としても重要である．食用油脂は植物油脂と動物油脂に大別される．おもな油脂の原料と油脂含量を表 5.1 に示す．なお，すべての食用油脂には，原材料名，内容量，賞味期限（品質保持期限），製造者名の表示が義務づけられている．

（1）植物油脂

わが国における植物油脂の消費量は大豆油が最も多く，ついでなたね油であり，両者を合わせると全消費量の約 70 % 近くになる．植物油脂の製造工程は，採油と精製に分けられる．

（a）採油

採油は油脂原料から油脂を採取する工程で，圧搾法，抽出法，圧抽法の三つの方法がある．

表 5.1 食用油脂の原料と油脂含量

食用油脂	原料	油脂含量（%）
大豆油	大豆種子	16～20
なたね油	あぶら菜，からし菜	38～45
パーム油	パーム果肉	20～65
米油	米ぬか	12～21
とうもろこし油	とうもろこし胚芽	40～52
やし油	コプラ	30～40
綿実油	綿種子	17～23
ごま油	ごま種子	45～55
ひまわり油	ひまわり種子	22～36
サフラワー油	紅花種子	25～37
オリーブ油	オリーブ果実	15～35
豚脂	豚脂肪組織	50～80
牛脂	牛脂肪組織	50～80
魚脂	いわしなどの魚体	5～15

Plus One Point

ミセラ
油と溶剤の混液をミセラという．

　圧搾法は，油脂含量のとくに高い原料（ごま種子，パーム果肉など）に用いられ，エキスペラーで連続的に搾油する方法であるが，かす中に油が4〜5％残る欠点がある．
　抽出法は，油脂原料を溶剤で抽出する方法で，原料中の油脂が効率よく抽出される．現在，ほとんどの植物油の採油では連続式抽出法が用いられている．この方法は，まず原料をあらかじめ抽出前に約75℃で加熱し，圧延ロールを用いてフレーク状にする．この処理で原料の細胞が破壊され，たんぱく質が凝固するため溶剤による抽出がしやすくなる．その後抽出を行い，油脂を溶解したヘキサン溶液を蒸発缶に移して溶剤を回収し，同時に原油を得る．
　圧抽法は，あらかじめ圧搾法で搾油した後，かすに残存する油脂をさらにヘキサンで抽出する方法である．

（b）精製

　採油した原油は，たんぱく質，リン脂質，脂肪酸，植物色素や有臭物質などを含み，そのままでは食用に適さないので精製する．カロテノイドなどの色素は，加熱して活性白土を加え，吸着させ脱色する．精製は，脱ガム，脱酸，脱色，脱臭の4工程で行われる．なお，サラダ油の製造では，これらの工程以外にさらにウインタリング（油を冷却したときに生じる固体脂をろ過して除く操作．脱ろうともいう）が行われる（図5.1）．植物油脂の製品には，それぞれ次のような特徴がある．

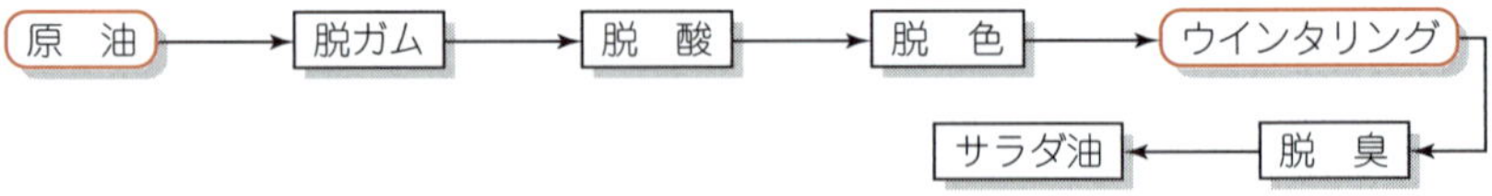

脱ガム
原油に水蒸気を通して加水・加温し，リン脂質を主成分とするガム質を遠心分離機で除去する．

脱酸
原油に水酸化ナトリウム水溶液（苛性ソーダ）を加えて遊離脂肪酸と反応させ，生じた石けんを遠心分離機で除去する．

脱色
油に活性白土を加え混合し，色素を吸着してろ過して分離する．

脱臭
油を高真空下で，高温の過熱水蒸気を吹き込み，アルデヒドやケトンなどの揮発性悪臭成分を蒸留し除去する．

原油 → 脱ガム → 脱酸 → 脱色 → ウインタリング → 脱臭 → サラダ油

図5.1　サラダ油の精製工程

　サラダ油は，最も精製された植物油で，ウインタリングを行っているために，低温でも濁りを生じない．またサラダ油を原料としたマヨネーズは，冷蔵庫に保存しても乳化状態が壊れないので油が分離しにくいなどの特徴がある．てんぷら油は，ウインタリング処理をしていない精製植物油である．ごま油は，特有の芳香を保持するため，炒ったごまを搾油したままでとくに精製は行われない．そのため褐色をしており沈殿物が生じる場合もある．ごま油にはセサモールやセサミノールなどのリグナン，ビタミンEなどの抗酸化成分が含まれている．オリーブ油は，オリーブ樹の果実から採取した油で，地中海地方をはじめ洋風の料理になくてはならない独特の風味をもっている．消化・吸収を助け，老化を防止し，動脈硬化などの予防にも効果があることから，近年，わが国の家庭でもよく用いられるようになった．

（2）動物油脂

　動物を原料として採油した油脂を動物油脂といい，陸産動物油脂と水産動物油脂に大別され，前者は豚脂，牛脂，羊脂などと乳脂に，後者は魚油，かき油

(オイスターソース)などに分けられる．なお，かき油は中国料理特有の調味料である．一般に，陸産動物油脂は常温で固体状のものが多く，水産動物油脂は高度不飽和脂肪酸の含量が高いため液体状のものが多い．

動物組織から脂肪を分離する方法には，加熱のみを行う乾式溶出法(炒取り法)と，水の存在下で加熱する湿式溶出法(煮取り法)などがある．

(a) 魚油

わが国で最も多く生産されている動物油脂である．なかでも，まいわしからつくられるいわし油が圧倒的に多い．これは蒸煮したいわしを圧搾して魚肉と液汁，魚油に分けたのち，魚油から遠心分離機によって混在する液汁を除き，精製したものである．魚油は精製しても魚臭が強く，二重結合を5，6個もつ高度不飽和脂肪酸(多価不飽和脂肪酸)を含んでいるために酸化されやすい．そのため水素添加を行い，硬化油にしてマーガリン，ショートニング，粉末油脂，石けんなどの原料に利用される．

魚油に含まれるイコサペンタエン酸(IPA，エイコサペンタエン酸，EPAとよばれた)やドコサヘキサエン酸(DHA)は，血栓症やアレルギーの一因となるロイコトリエン類の産生を抑制したり，血清コレステロールを低下させたりする作用があるといわれている．そのため，生活習慣病を防ぐ健康食品原料として利用されている．

(b) 豚脂(ラード)

精製ラードは，豚の屠体のうち，腎臓周囲，内臓，皮下などの脂肪組織を水と煮たり，蒸気をあてたりして脂肪を溶出させ(煮取り法)，不純物を除くために脱酸，脱色，脱臭などを行って調製される．通常，フライなど，さまざまな調理に利用されているが，一部はショートニング，マーガリンなどの原料に用いられ，低品質のものは石けんなどの原料にも利用される．

(c) 牛脂(タロー，ヘット)

牛脂は，牛の脂肪組織を加熱溶出してつくられる．新鮮な腎臓，腸間膜などの脂肪組織から低い温度で溶出した最上級の牛脂(プルミエジュ)は，直接料理に用いられる．一方，それ以外の脂肪組織をオートクレーブで水と一緒に煮て溶出したもの(タローまたはヘット)は，ショートニング，マーガリンや石けん，ろうそくなどの原料として利用される．

(3) 加工油脂

加工油脂とは，マーガリン，ショートニング，マヨネーズ，粉末油脂などのように，天然油脂をそのまま，あるいは水素添加して硬化油にしたものを原料としてつくられた油脂製品のことである．

(a) 硬化油

油脂の性状は構成脂肪酸の種類により影響を受ける．つまり，大豆油やなたね油が液体であるのは不飽和脂肪酸が多いためで，一方，牛脂や豚脂が固体であるのは飽和脂肪酸を多く含むためである．魚油や多くの植物油のような液体

Plus One Point

てんぷらの語源は？

"TEMPURA"は世界的な共通語になっているほど有名なことばであるが，この語源は明らかではない．一つには江戸時代の洒落本作家，山東京伝がその名付け親という説がある．大阪から魚のつけ揚げを売りに江戸へ来た男に『天麩羅』と看板に書いてやって，京伝曰く，『天竺浪人がふらりと江戸に来て売るから天ふら，そして麩は小麦粉，羅は薄い衣である』というものである．ほかにもポルトガル語の"tempero"(料理)，中国料理の搭不剌を語源とする説などがある．

Plus One Point

「油を売っています」

むだ話などをして仕事を怠けることを「油を売る」という．この語源は江戸時代の油商人からきている．彼らは天秤棒で油おけをかつぎ，小さなひしゃくで油をくむ．油は粘って長く尾を引くので，切れるまで時間がかかる．世間話をして油が切れるのを待ったことから，この言葉が生まれたという．

水素添加とヨウ素価

不飽和脂肪酸中の二重結合に水素が付加されると飽和脂肪酸になる．ヨウ素価は二重結合の数が多ければ高い価を示す．水素が付加され二重結合の数が少なくなれば，ヨウ素価は低くなる．

油は，金属触媒存在下で高温(約120〜220℃)，高圧下で水素を吹き込むと，固体脂の硬化油となる．不飽和脂肪酸の二重結合に水素が付加され，飽和脂肪酸や不飽和度の低いモノエン酸(二重結合1個の不飽和脂肪酸)に変化するのである．硬化油にすると，油脂の安定性が増し，さらに水素の付加量を調節して適度な硬さの油脂をつくることができ，魚油では魚臭をなくすことも可能となる．

(b) マーガリン

マーガリンは，牛乳からつくられるバターと同じ物性のものを，動物油脂と植物油脂の原料からつくるという試みで製品化されたものである．JAS規格では，マーガリン類をマーガリンとファットスプレッドに分類している．マーガリンは，バターと同じく油脂80％以上，水分16〜18％，ファットスプレッドは油脂含有率80％未満で，どちらも乳化させた油中水滴(W/O)型エマルション(図5.2)であり，原料油脂に副原料を配合させてよく混合，乳化させ，急冷後，練り合わせたものである．ファットスプレッドは，果実および果実の加工品，チョコレート，ナッツ類のペーストなどの風味原料の添加が認められている．ただし風味原料の添加量は，油脂含有量を上回ってはいけない．製造工程を図5.3(上)に示す．製品は融点の違いによって，ソフト型とハード型に分けられる．ソフト型は家庭用マーガリンの大部分を占め，冷蔵庫内でも適度な軟らかさを保ち，室温でも軟化しすぎないという利点がある．ハード型の主原料は，魚油(とくにいわし油)からつくられた硬化油で，ソフト型に比べて融点が高く，

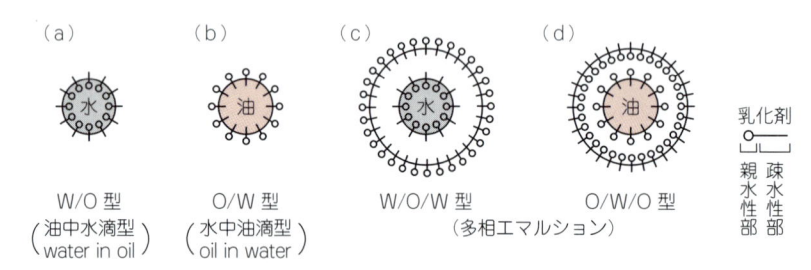

図5.2 エマルションのタイプと分散粒子の模式図

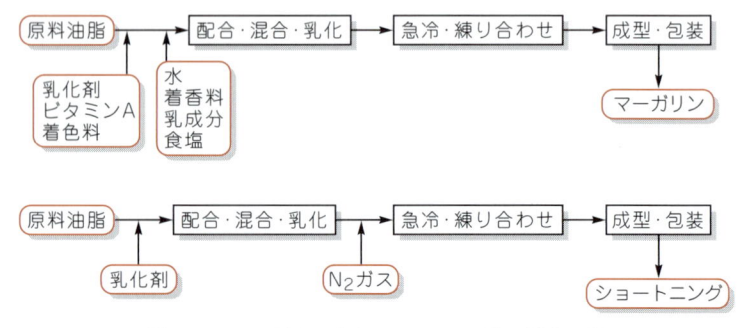

図5.3 マーガリンとショートニングの製造工程

業務用としてパンやケーキの製造時に用いられる．

（c）ショートニング

ショートニングは各種硬化油，牛脂，豚脂，パーム油，やし油などの精製油脂を配合，混合，急冷，練り合わせたもので，100gあたり20mL以下のN₂ガスを含んでいる．精製法は図5.3（下）に示したようにマーガリンと似ているが，水や乳成分などの副原料をほとんど使用しない．ショートニングは，ショートニング性とクリーミング性の二つの特性を備えており，パンやビスケットなどの小麦粉加工品の製造に用いられる．ショートニング性とはもろく砕けやすい性質のことで，ビスケットの製造時に加えるとサクサクとした食感を与える．また，クリーミング性とは空気を抱き込む性質のことである．

（d）ドレッシング

ドレッシングとは，精製植物油に食酢を加え，食塩，香辛料などで風味をつけた調味料のことで，マヨネーズ，サラダドレッシング，フレンチドレッシングなどが代表的なものである．

マヨネーズは，植物油に卵黄または全卵，食酢，食塩，香辛料などを加えてつくられた水中油滴（O/W）型のエマルションで，卵黄中のリン脂質（レシチン）などが乳化剤としての役割を果たしている．マヨネーズの製造工程を図5.4に示す．マヨネーズには乳化剤として卵黄のみを用いるフレンチ型と，全卵と食品添加物として許可されている乳化剤を用いるアメリカ型があり，わが国で多く使われているのはフレンチ型である．フレンチ型マヨネーズの配合例を表5.2に示す．

サラダドレッシングは，マヨネーズに用いる原料のうち，油脂の量を少なくし，でんぷん糊などを加えて粘度を高くした製品である．

フレンチドレッシングは，サラダ油に食酢，調味料，香辛料などを加えたもので，乳化型と分離型がある．

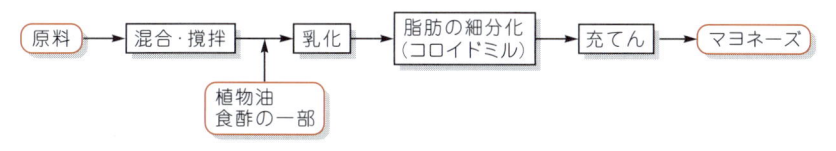

図5.4 マヨネーズの製造工程

（e）粉末油脂

粉末油脂は，油脂にカゼイン，卵白アルブミン，ゼラチンなどのたんぱく質やでんぷん，糖類などの被覆材と，乳化剤，安定剤などを混合して均一に乳化し，噴霧乾燥して粉末化したものである．油脂の微粒子がたんぱく質などの被覆材で覆われているため，酸化されにくく，サラサラしている．取扱いも便利であり，ケーキミックス，粉末スープや調理素材などに使用されている．

Plus One Point

トランス脂肪酸の生成

トランス脂肪酸は，天然の植物油にはほとんど含まれず，水素を付加した硬化油を製造する過程で生じる．マーガリンやショートニングの原料として硬化油が使用されている．LDLコレステロールを増加させるなど，トランス脂肪酸を含む製品の使用が問題となっている．

表5.2 マヨネーズ（フレンチ型）の配合例 （%）

原料	製品A	製品B
卵黄	18.0	13.4
サラダ油	68.0	70.0
食酢	9.4	8.7
砂糖	2.2	2.1
食塩	1.3	1.3
辛子粉	0.9	0.8
こしょう	0.1	0.1
パプリカ	0.1	0.1
水	—	3.5

「三訂 総合食料工業」，桜井芳人ほか 編，恒星社厚生閣(1978)．

Plus One Point
みそは奈良時代の貴重品

律令によって決められた税(租・庸・調)のうち,地方の特産物を納める税の一つとして,麻,絹,塩,鉄などとともに,みそも納められた.ほかにも,栄養の補給や消毒,殺菌などの薬としても使われていた.また平城京では,みそを売る店が朝廷によって開かれていたが,当時みそは貴族の口にしか入らない高級品であった.このころのみそは,乾いた「納豆」のようなもので,食品につけたり,直接なめたりして食べられていた.

Plus One Point
武士の力の源,みそ汁

鎌倉時代にはみそをすって食べるようになり,「みそ汁」がつくられるようになった.日本人の食事の基本である"ごはん,みそ汁,おかず"という栄養バランスのとれた食事がとられるようになったのである.また戦国大名たちは大切な栄養源として,みそづくりに力を入れた.

5.2 調味食品

(1) 調味料

(a) みそ

みそは,日本人の食生活にとって,古くから重要な食品であった.みその原形は中国の穀醬であるが,わが国では7世紀ごろに未醬と称する大豆発酵食品が現れている.これが,その後各地方の気候,風土や食習慣によって改良され,多種多様のみそとなった.みそは原料の米,麦,大豆に,こうじかびを繁殖させたこうじに,蒸し大豆と食塩とを仕込んでつくる.

i) みその種類

みそは,原料,色調,味などによって分類されるが,普通みそと特殊みそに大きく分けられる.普通みそは原料のこうじ,大豆,食塩の配合割合によって米みそ,麦みそ,豆みそに分けられ,米みそと麦みそは,食塩含量とこうじの配合割合によって甘みそ,甘口みそ,辛口みそに分類される.また,色調によって白みそ,赤みそなどに分けられる.みその色は,原料大豆中の色素の酸化やアミノ・カルボニル反応により褐変が進行し,熟成の温度が高いほど,また期間が長いほど濃くなる.こうじが少なく食塩が多いみそは濃色で長期熟成のみそである.一方,こうじが多く食塩の少ないみそは淡色で短期熟成のみそである.

特殊みそは,総菜として食べるみそで,金山寺みそのような醸造なめみそと,普通みそに野菜や魚介類と調味料などを加えてつくる加工なめみそがある.普

表5.3 普通みその種類

分類	味	色	産地・銘柄	こうじ歩合(%)	食塩濃度(%)	醸造期間
米みそ	甘みそ	白	西京みそ(関西),府中みそ(広島)讃岐みそ(香川)	15～30	5～7	5～20日
		赤	江戸甘みそ(東京)	12～20	5～7	5～20日
	甘口みそ	淡色	相白甘みそ(静岡),九州,広島地方	8～15	7～12	5～20日
		赤	御膳みそ,中みそ,徳島,広島地方,その他	10～15	11～13	2～6か月
	辛口みそ	淡色	信州みそ(長野),白辛みそ,中国,関東,北海道地方	5～10	11～13	3～6か月
		赤	仙台みそ(宮城),津軽みそ(青森),越後,佐渡みそ(新潟),秋田みそ(秋田)	5～10	12～13	3～12か月
麦みそ	甘口みそ	淡色	九州,四国,中国地方,その他	15～25	9～11	1～3か月
	辛口みそ	赤	九州,関東(埼玉)地方	5～10	11～13	3～12か月
豆みそ	辛口みそ	赤褐色	八丁みそ,溜みそ,三河みそ,名古屋みそ(中京地方)	100	10～12	5～20か月

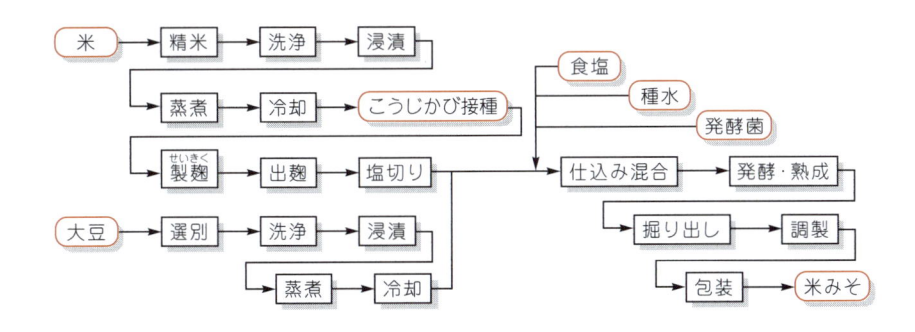

図 5.5 米みその製造工程

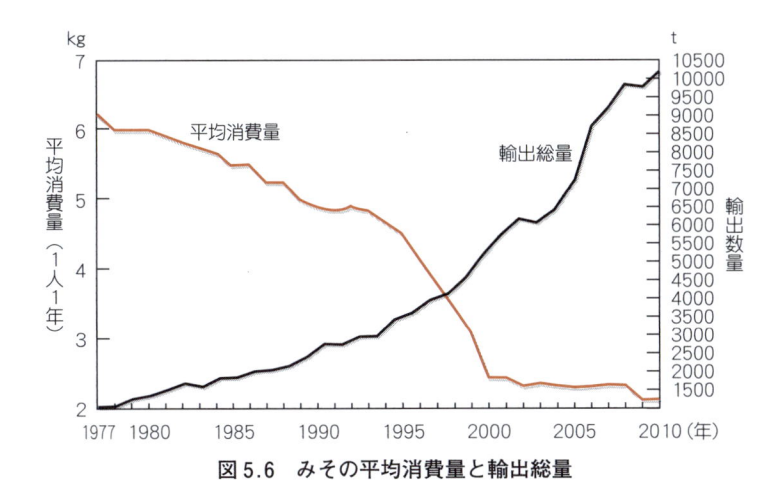

図 5.6 みその平均消費量と輸出総量

通みその種類を表 5.3 に示す.

ii) 米みその製造法

米みその製造工程を図 5.5 に示す. まず, 蒸し米にアミラーゼとプロテアーゼ活性の強いこうじかび (こうじ菌) (*Aspergillus oryzae*) を繁殖させてこうじをつくり (製麴), 蒸し大豆と食塩を混合して仕込み, 発酵させる. 種水には大豆の煮汁に食塩を加えたものが使われ, みその硬さを調節する. 発酵と熟成は, こうじかびと自然に繁殖する耐塩性の乳酸菌 (*Pediococus halophilus*) や耐塩性の酵母 (*Saccharomyces rouxii*) の作用により徐々に進み, これらの微生物の働きで生成したアルコール類などの香気成分や有機酸が, 糖類やアミノ酸, 食塩と調和して熟成が完了する.

みその消費量と輸出実績を図 5.6 に示す. わが国における 1 人, 1 年あたりの平均消費量は, 年々少しずつ減少しているが, 海外へのみその輸出は年々増加の傾向にある.

iii) 麦みその製造法

麦みそには大麦または裸麦が用いられる. 製造方法は基本的に米みそと同じである. 麦みそは一般に米みそよりもこうじ歩合が高く大豆の使用量が少ないが, 麦は米と比べてグルタミン酸を多く含む.

蒸した大豆を取り出す
写真提供:みそ健康づくり委員会.

iv）豆みその製造法

豆みそは，米，麦を使用せず大豆と塩のみを原料とする．大豆を蒸煮し，2～5 cm のみそ玉にし種こうじを散布して製麴する．みそ玉にすることで内部に乳酸菌が増殖し，pH が低下し枯草菌の増殖が抑制される．こうじに食塩と種水を混合して仕込む．熟成期間は他のみそと比べて長い．大豆たんぱく質からのアミノ酸やペプチドが多く，濃厚なうま味を呈する．

（b）しょうゆ

わが国独特の調味料で，古くから利用されてきた．現在は海外にも輸出され，世界各国で利用される調味料になりつつある．

i）しょうゆの種類

しょうゆは製造法の違いにより，濃口しょうゆ，淡口しょうゆ，たまりじょうゆ，再仕込みしょうゆ，新式しょうゆなどに分類される．なお，しょうゆの色もみそと同じくアミノ・カルボニル反応による．

濃口しょうゆは，濃赤褐色で香味が強く，しょうゆの全生産量の大半を占める．食塩分約 17～18％，全窒素量約 1.8％ である．淡口しょうゆは，色が薄く，着色を抑えられている以外は濃口しょうゆとほとんど同じ製造法であるが，仕上げ時に甘酒を加える点が異なる．食塩分約 18～20％，全窒素量約 1.0％ である．たまりじょうゆは，原料に大豆または脱脂大豆と食塩だけを用い，小麦は用いない．濃口しょうゆのような香りは少なく，とろりとした感じの濃厚な味があり，さしみのつけじょうゆや米菓，つくだ煮などに利用される．白しょうゆは，淡口しょうゆよりさらに色が淡く，小麦の割合が多いため特有の香味がある．なべ料理，うどんのだし汁などの調理に用いられる．減塩しょうゆは，濃口しょうゆと同様の方法でつくられ，脱塩して食塩濃度を約 10％ にしたしょうゆで，食塩の摂取量を制限しなければならない人に利用されている．再仕込みしょうゆは，濃厚で粘ちょう性のあるしょうゆで，製造法は濃口しょうゆと同じであるが，仕込み時に食塩水の代わりに火入れしない生しょうゆ（生揚げしょうゆ）を使用する．刺身用，寿司用，うなぎの蒲焼のたれなどに用いられる．新式しょうゆは，大豆を塩酸で分解してアミノ酸液をつくり，これにしょうゆもろみを加えて熟成させてつくられる．醸造期間の短縮とたんぱく質の利用率において利点がある．

ii）しょうゆの製造法

しょうゆの製造方法には本醸造方式，新式醸造方式，アミノ酸液混合方式がある．

本醸造方式：図 5.7 は，濃口しょうゆの製造工程を示したものである．原料大豆には油脂成分が含まれているが，しょうゆの製造には油脂成分は必要ないので，大豆の代わりに脱脂大豆が用いられる場合が多い．脱脂大豆（または大豆）と小麦にこうじかび（こうじ菌 *Aspergillus sojae*）を繁殖させてこうじをつくり，これに食塩水を混ぜてもろみを仕込み，もろみの熟成が進むと，こうじ

Plus One Point

しょうゆのルーツ

アジアで発達した醤（ひしお）には，穀物を原料とした「穀醤」と，魚を原料とした「魚醤」がある．日本で発達をとげたのが「穀醤」で，中国から伝えられた金山寺みその液状部分を分離したものが，今日のしょうゆの原形である．

こうじかび
キッコーマン㈱，「しょうゆ」，キッコーマン㈱(1996)．

かびの酵素と自然に繁殖する耐塩性の乳酸菌(*Pediococcus halophilus*)や耐塩性の酵母(*Saccharomyces rouxii*)が作用し，プロテアーゼ，アミラーゼなどの酵素が大豆たんぱく質と小麦でんぷんを分解し，多くのアミノ酸，還元糖が生じてアミノ・カルボニル反応が起こり，褐色色素を形成しながら，ゆっくりと風味のよいもろみになる．約6か月〜1年間熟成させ，圧搾機にかけて生じょうゆとかすに分け，生じょうゆを加熱殺菌して製品にする．

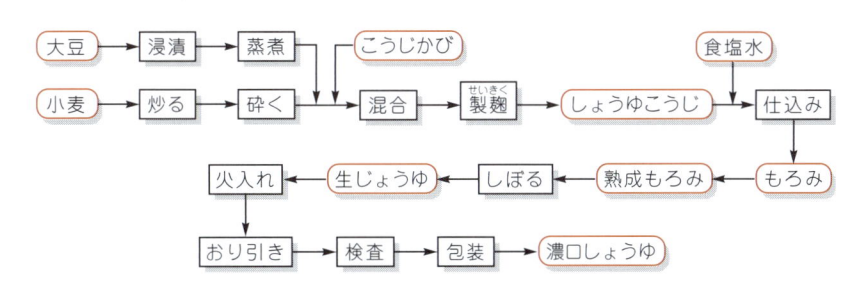

図5.7 濃口しょうゆの製造工程

新醸造方式：あらかじめ原料のたんぱく質を希塩酸で部分的に加水分解し，炭酸ソーダで中和して得られるアミノ酸分解液，または原料のたんぱく質を酵素で処理した後，本醸造のもろみまたは生揚げしょうゆに加えて発酵・熟成させる．

アミノ酸液混合方式：本醸造または新醸造のしょうゆにアミノ酸液を混ぜ合わせてつくる．発酵・熟成は行わない．

新醸造方式，アミノ酸液混合方式はいずれも本醸造方式より早くしょうゆをつくることができる．

(c) 酢

酢は，醸造酢と合成酢に大別される．醸造酢は，糖類やでんぷんを含む原料を用いて，アルコール発酵と酢酸発酵を行って製造される．米酢，酒精酢，かす酢のような和式酢と，麦芽酢，ぶどう酢，りんご酢のような洋式酢などがある．いずれも4〜5%の酢酸を主成分とし，それぞれ原料に由来する独特の香味をもっている．米酢の製造工程を図5.8に示す．

米酢は，酸味が強く，多くのアミノ酸を含むのでうま味があり，米を原料としてこうじかび(こうじ菌)による糖化，酵母によるアルコール発酵，酢酸菌による酢酸発酵を行うため，製造に長期間を要する．酒精酢は，アルコールを5〜6%に薄め，酒かす，ブドウ糖，無機塩などを添加して酢酸発酵を行って製造する．香味が少なく淡白であり，生産量は最も多い．ぶどう酢，りんご酢は，ワインビネガー，アップルビネガーといい，ともにヨーロッパで広く用いられている醸造酢である．酸味が穏やかで，それぞれ特有の芳香がある．合成酢は，酢酸を水で薄め，甘味料，調味料，有機酸，食塩などの成分を加えて調味した

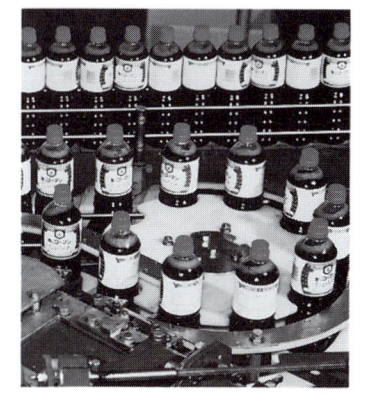

濃口しょうゆの包装
写真提供：キッコーマン㈱

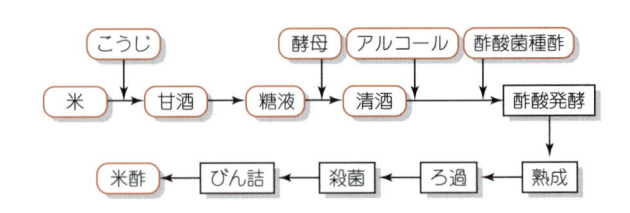

図 5.8　米酢の製造工程

もの である.

(d) みりん

みりんはわが国独特の調味料で，酒の一種である．糖分を多く含み，和風料理や米菓，味付けのり，かまぼこなどの加工食品に広く用いられている．みりんには，本みりんと本直しとがある．<u>本みりん</u>は，アルコール（または焼酎）にアルコール濃度が約20％となるよう，米こうじと蒸したもち米を混合し，1〜2か月熟成させて製造する．この間，こうじのアミラーゼによってもち米が糖化され，ブドウ糖含量が約35％にもなる．熟成したもろみは圧搾，ろ過され，淡黄色の液体調味料が得られる．<u>本直し</u>は，本みりんのもろみが熟成する10日前ごろ，または本みりんに，アルコール，焼酎を加えた酒で，飲用に供せられる．みりんの製造技術は改良され，現在ではアルコールを含まないみりんも生産されている．これはブドウ糖，水あめなどを主体に，うま味調味料や有機酸類を混合したもので，みりん風調味料とよばれる．

(e) ソース

広い意味でソースには，トマトケチャップ，マヨネーズ，ドレッシング，しょうゆ，焼肉のたれなど，料理にかけたり，混ぜたり，煮込んだりして，調理の味を引き立たせる混合調味料のすべてが含まれる（図5.9）．したがって，<u>ソース</u>はさまざまな原料を配合してつくられる調味料で，本来は料理，とくに洋風料理に合わせてそのつど調理されるものである．しかし，わが国ではトンカツやコロッケなどの洋風料理にソースをかけて食べる習慣から，辛味の強くな

Plus One Point

ソースの語源

ソース（sauce）の語源はラテン語の"Sal"で「塩の供給」という意味である．食塩を使用してつくられた液体調味料は，すべてソースに含まれることになる．

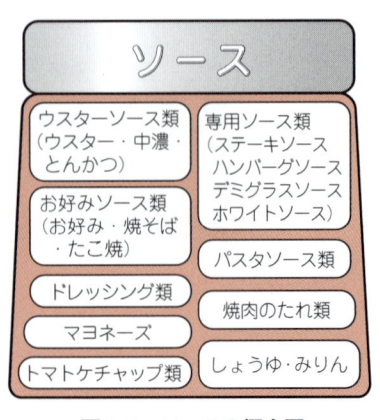

図 5.9　ソースの概念図

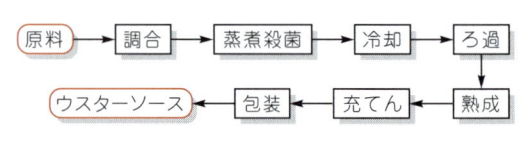

図 5.10　ウスターソースの製造工程

い独特のウスターソースが製造されるようになった．ウスターソースはトマト，にんじん，たまねぎ，セロリー，にんにくなどの野菜類の煮出し汁に食塩，砂糖，酢，香辛料，うま味調味料などを加えてつくる．ウスターソースの製造工程を図5.10に示す．トンカツソースは，トマトピューレーやコーンスターチなどを加えた不溶性固形分を多く含む濃厚ソースである．

（f）うま味調味料

うま味を示す物質として，アミノ酸のグルタミン酸ナトリウムと核酸系のイノシン酸ナトリウム，グアニル酸ナトリウムがある．グルタミン酸ナトリウムは単独でもうま味を示すが，これにイノシン酸ナトリウム（かつお節のうま味成分）やグアニル酸ナトリウム（しいたけのうま味成分）を添加すると，相乗効果によって，さらに顕著なうま味を示すようになる．市販の複合うま味調味料は，グルタミン酸ナトリウムを主体として，核酸系うま味物質を少量添加したものである．グルタミン酸ナトリウムは，だし材料として用いられる昆布の味を示す物質として発見され，現在では，グルコースやアンモニアなどを原料とし，グルタミン酸生産菌を用いるグルタミン酸発酵法により生産されている．また，イノシン酸ナトリウムとグアニル酸ナトリウムは，いずれも，酵母のリボ核酸を酵素分解する方法などで製造される．

（g）風味調味料

風味調味料とは，グルタミン酸ナトリウムなどのうま味調味料にはない天然の風味をもたせた調味料である．JASでは，かつお節，昆布，貝柱などの粉末または抽出濃縮物を風味原料にして，食塩，砂糖，うま味調味料などを配合したものと定められている．製品の種類は豊富で，その形態には粉末状，顆粒状のものがあり，いずれも吸湿性が強く，酸化されて風味が損なわれないように密封包装されている．かつお節や昆布などの天然素材を用いてだしをとるためには，時間と工夫が必要とされ，また食生活の多様化とも相まって，今日ではこれらの風味調味料が便利な料理材料として広く用いられている．

（h）合わせ調味料

だしと味付け調味料，その他の素材を組み合わせた，あらかじめ配合された調味料があれば，おいしい料理が家庭で手軽につくれるのではないかという発想から生まれたのが合わせ調味料である．本格派料理を家庭で味わうための合わせ調味料が開発・製造されている．

（i）たれ類

みそ，しょうゆ，うま味調味料，香辛料，油などを加え，これに野菜，果実，畜肉のピューレーを混合し熟成したもので，焼肉料理の調味料をはじめとしてさまざまなものがある．

（j）食塩

食塩の原料は岩塩や塩土の固体と，海水，塩湖や塩泉などの溶液で，海水中には約2.7％のNaClが含まれている．わが国の製造原料は海水で，イオン交

Plus One Point

昆布のうま味成分はグルタミン酸ナトリウム

昆布のうま味成分がグルミタン酸ナトリウムであることを発見した（1907）のは，東京大学教授の池田菊苗であった．教授は，なべものが大好きで，そのおいしさの成分を追究し，この発見に至った．グルタミン酸ナトリウムは，最初，小麦粉のグルテンから製造されていたが，その後，協和発酵㈱の木下祝郎によって，微生物からグルタミン酸ナトリウムをつくりだすグルタミン酸発酵法が開発された．

換膜法により濃縮している．海水を電気透析して NaCl の濃縮溶液をつくり，さらに減圧下で水分を蒸発させて結晶状の食塩をつくる．塩品質規格によると，市販されている食塩の NaCl 含量は 99 % 以上である．添加物として塩基性炭酸マグネシウムが加えられているものもあり，防湿とサラサラ度をよくして振りかけやすくしている．

（2）甘味料

甘味料には，天然甘味料や糖アルコール，配糖体，ペプチド，オリゴ糖などがある．甘味料の分類を表5.4に示す．

表5.4　甘味料の分類

甘味料	例
天然糖甘味料	ショ糖，ブドウ糖，果糖，麦芽糖，転化糖，キシロース，乳糖，はちみつ，メープルシロップ
糖アルコール	ソルビトール，マルチトール，マンニトール
配糖体およびその誘導体	グリチルリチン，ステビオシド，フィロズルチン
アミノ酸，ペプチド	アスパルテーム，グリシン，D,L-アラニン
たんぱく質	タウマチン，モネリン
オリゴ糖およびオリゴ糖アルコール	カップリングシュガー，フラクトオリゴ糖

（a）砂糖

砂糖の主成分はショ糖(スクロース)で，甘蔗(さとうきび)や甜菜(ビート)の搾汁を濃縮・結晶化して得られる粗糖から精製される．わが国では，主としてさとうきびからの粗糖を輸入し，これを精製している．砂糖は原料，精製の程度，結晶の大きさなどにより，図5.11のように分類される．含みつ糖は砂糖の結晶と糖みつ(砂糖の結晶から分離する糖液)が混在した精製度の低い砂糖であるが，灰分，カルシウム，ビタミン B_1, B_2 などを含む．分みつ糖は砂糖の結晶と糖みつを完全に分離した精製度の高い砂糖であり，世界で生産される砂糖の大半を占めている．

グラニュー糖は，ショ糖含量 99.88 % で純度が高く，粒径が 0.2～0.7 mm

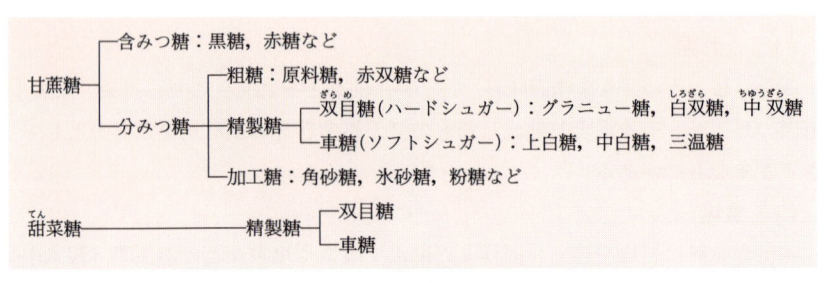

```
甘蔗糖 ┬ 含みつ糖：黒糖，赤糖など
       └ 分みつ糖 ┬ 粗糖：原料糖，赤双糖など
                  ├ 精製糖 ┬ 双目糖(ハードシュガー)：グラニュー糖，白双糖，中双糖
                  │        └ 車糖(ソフトシュガー)：上白糖，中白糖，三温糖
                  └ 加工糖：角砂糖，氷砂糖，粉糖など

甜菜糖 ── 精製糖 ┬ 双目糖
                 └ 車糖
```

図5.11　砂糖の分類

で，サラサラした光沢のある白砂糖である．白双糖(しろざら)は，ショ糖含量99.91％の最も純度が高い無色透明の白砂糖で，粒径は1.0〜3.0mmの大粒である．淡白な甘味から，高級菓子や果実酒などに用いられる．上白糖は，ショ糖含量97.40％で，粒径が0.1〜0.2mmの細かい白砂糖である．ビスコという転化糖を1〜1.5％結晶表面にまぶしてあるため，しっとりとした感触があり，水に溶けやすく，砂糖の結晶が固結しないという利点がある．わが国独特の砂糖で，最も多く生産されている．中白糖・三温糖は，ショ糖含量95％前後で，上白糖やグラニュー糖を分離した糖液から製造され，黄褐色で純度も低く，着色にほとんど影響のない水産缶詰，漬けもの，つくだ煮などに用いられる．角砂糖は，グラニュー糖に飽和糖液を加えて，ブロック状に成型し，乾燥させた砂糖で，色や香りをつけた製品もある．氷砂糖は，上白糖やグラニュー糖を水に溶かした濃厚溶液から再結晶させたもので，梅酒などに用いられる．

（b）ブドウ糖

でんぷんを酸または酵素で加水分解すると，ブドウ糖（グルコース）になる．分解の程度により，デキストリン，麦芽糖（マルトース），オリゴ糖が得られ，分解物の混合物として，水あめ，粉あめが得られる．結晶ブドウ糖は，ブドウ糖のなかでも生産量が多く，酵素糖化法により製造される．でんぷん液を液化型α-アミラーゼとグルコアミラーゼで酵素処理し，ブドウ糖にまで分解して，糖化液を脱色，脱塩した後，濃縮してブドウ糖を結晶化させる．製品には無水結晶ブドウ糖と含水結晶ブドウ糖がある．

（c）異性化糖

異性化糖は，でんぷん糖化液（あるいは精製ブドウ糖液）をグルコースイソメラーゼで酵素処理して，ブドウ糖の一部を果糖（フルクトース）に転換（異性化）した液状の糖である．果糖の含有率が50％未満のものをブドウ糖果糖液糖という．また，果糖の含有率が50％以上の異性化糖（果糖ブドウ糖液糖）も製造されるようになり，安価であることから，清涼飲料，パン，缶詰，冷菓，乳製品などに広く利用されている．

（d）果糖

異性化糖液（果糖含有42％）を陽イオン交換樹脂で処理すると，果糖は吸着し，ブドウ糖は素通りする．吸着した果糖を樹脂から溶出させ，濃縮して果糖を得る．

（e）水あめ

でんぷんの不完全な加水分解により，部分的にデキストリンを残し，濃縮したものである．加水分解には酸（シュウ酸）あるいは酵素（α-アミラーゼ，β-アミラーゼ）が使われる．

（f）カップリングシュガー

でんぷんと砂糖の混合液をシクロデキストリングルカノトランスフェラーゼで酵素処理すると，ショ糖のブドウ糖側に数個のブドウ糖がα-1, 4結合したグ

Plus One Point

転化糖

ショ糖に酵素インベルターゼを作用させて加水分解し，果糖とブドウ糖の等量混合物としたもの．とくに低温で砂糖より強い甘味を示す．

Plus One Point

虫歯の予防

虫歯菌によってショ糖から不溶性グルカンが合成され，歯垢を形成し，さらに糖類を分解して乳酸などがつくられ，虫歯がつくられる．グルコシルスクロースは，この不溶性グルカン合成を阻害する．つまり，カップリングシュガーを摂取すると，虫歯になりにくくなるのである．

ルコシルスクロースが生成する．このような，でんぷん，ショ糖およびグルコシルスクロースの混合物をカップリングシュガーという．

(g) その他の甘味料

はちみつは，主成分がブドウ糖，果糖，ショ糖で，そのほかにたんぱく質，ギ酸，乳酸，色素類，芳香物質，無機質などを含み，独特の香味がある．メープルシロップは，サトウカエデの樹液からつくられ，ショ糖が主成分である．サトウカエデは北アメリカの東北部（とくにカナダ）に植林されている高木である．ソルビトールは，りんご，プラムなどの果物や海藻類に含まれているが，工業的には，高圧下でブドウ糖に水素を添加して製造する．吸湿性があり，カステラ，かまぼこの保湿剤としての用途も広い．グリチルリチンは，漢方薬として用いられている甘草の根茎に含まれる甘味料で，しょうゆ，みそ，漬けものなどに添加される．甘さはショ糖の200～300倍である．ステビオシドは，ステビアというメキシコ原産のキク科の植物の葉に含まれ，砂糖の約250倍の甘さである．アスパルテームは，アスパラギン酸とフェニルアラニンとが結合したジペプチドのメチルエステルである．ショ糖の約200倍の甘さである．サッカリンはトルエンを原料として合成され，ショ糖の200～500倍の甘さである．

(3) 香辛料

香辛料は，調味または薬味として用いられ，食品への添加によって風味を引き立たせ，防腐効果をもたらし，さらに食欲を刺激する重要な食品である．わが国では古くから薬味，吸い口として，さんしょう，わさびなどが利用されてきたが，戦後の食生活の変化に伴い肉加工品の製造が増加し，それらに利用される多くの香辛料が輸入されるようになった．わが国では，業務用に使われるものが多いが，欧米諸国ではおもに家庭で利用されている．

(a) 香辛料の種類と成分

香辛料は植物体の種子，果実，花，樹皮，葉，根茎などから得られ，芳香，辛味，苦味，そう快味，甘味などを呈するものや色彩に富むものが利用されている．香辛料の主成分は揮発性油（精油），色素，有機酸，樹脂，粘液物などである．とくに精油は香辛料の特性を示す重要な成分であり，その特性から辛味性香辛料，芳香性香辛料，着色性香辛料に大別される．

ⅰ）辛味性香辛料

こしょうには，白こしょう（図5.12，a）と黒こしょう（図5.12，b）があり，白こしょうは完熟果の外皮を除いたもので，黒こしょうは未熟果を乾燥させたものである．辛味は黒こしょうのほうが強い．辛味の主成分はピペリンとチャビシンで，香味成分のα-ピネン，β-ピネンを含み，ハム，ソーセージ，ソース，カレー粉などの加工食品に使われる．生産地は，インド，インドネシア，マレーシアなどである．唐辛子の辛味成分は，カプサイシン，ジヒドロカプサイシンである．これらは，赤く成熟した果実の果皮や胎座に多く含まれ，ソース，七味唐辛子の材料として使われる．インド，パキスタン，タイなどが生産地で

Plus One Point

アスパルテーム

アスパルテームのカロリーは，砂糖と同様1gあたり4kcalであるが，砂糖の約200倍の甘さを有するため，食品に使用した場合は，砂糖の使用量の1/200ですみ，実質的に低カロリー甘味料となる．また，血糖値への影響がなく，虫歯の原因ともならない．

アスパルテーム

Plus One Point

漢方薬としても活躍している香辛料

唐辛子は皮膚刺激薬として神経痛，辛子は神経痛，リウマチ，気管支炎，うこんは健胃，利胆，サフランは生理痛，生理不順，かぜなどの薬として効果がある．

図 5.12 おもな香辛料
a) 白こしょう，b) 黒こしょう，c) 唐辛子（レッドペッパー），d) 丁字（クローブ），e) シナモン，f) バニラ，g) うこん（ターメリック）．
「四訂 食品成分表」，科学技術庁資源調査会 編，女子栄養大学出版部(1998)．

あり，わが国でもタカノツメ，ヤツブサなど辛味の強い唐辛子が生産されている（図 5.12, c）．**辛子**は，からし菜の種子を粉末にしたもので黒辛子と白辛子があり，辛味成分は，黒辛子はシニグリン，白辛子はシナルビンである．これ自体は辛味を呈さないが，酵素（ミロシナーゼ）で加水分解すると，それぞれアリルイソチオシアネート，p-ヒドロキシベンジルイソチオシアネートとなり辛味を呈する．辛味は黒辛子のほうが強く，揮発性であり，練り辛子，カレー粉，マヨネーズなどに使われる．辛子の生産地は，カナダ，オランダ，中国などである．日本辛子（和辛子）はわが国に古くからある黒辛子の一種で，辛味はあまり強くない．その他，さんしょう，わさび，ジンジャー（しょうが）などがある．

ii) 芳香性香辛料

丁字（クローブ）は，インドネシア原産フトモモ科の常緑樹のつぼみを乾燥させたもので，主成分はオイゲノールで刺激性の強い薬臭がある．ハム，ソーセージ，ソース，カレー粉，菓子などの製造に使われ，タンザニア，マダガスカル，インドネシアが生産地である（図 5.12, d）．**シナモン**（桂皮）は，クスノキ科の常緑樹の樹皮，根，葉を乾燥させたものである．樹皮にはシンナミックアルデヒド，葉にはオイゲノールが多く含まれ，そう快な芳香とかすかな甘味がある．洋菓子，カレー粉，ソースなどに使われ，生産地は，スリランカ，インドである（図 5.12, e）．**バニラ**は，中央アメリカ原産のラン科のつる性植物の未熟な果実を発酵，乾燥後，さやの中の豆を粉末化またはアルコール抽出したもので，甘く，まろやかな芳香を呈する．香りの主成分はワニリン（バニリン）で，アイスクリーム，洋菓子などに使われ，生産地は，マダガスカル，レユニオン島である（図 5.12, f）．その他，ローレル（月桂樹），ナツメグ，メース，コリアンダーをはじめ，ほとんどの香辛料は芳香性を有する．

iii) 着色性香辛料

ウコン（ターメリック）は，熱帯アジア原産のショウガ科の多年草から得た根茎を煮沸後，乾燥させたものであり，クルクミンという黄色色素を含んでいる．カレー粉やたくあん漬けの着色料として使われ，インド，中国，インドネシアなどが生産地である（図 5.12, g）．**サフラン**は，地中海沿岸から小アジアにかけての原産であるアヤメ科の球根草より採取しためしべの柱頭を乾燥させたも

メース

モルッカ諸島原産の常緑樹の果実の種子（ナツメグ）を包む赤色の網状の仮種皮を乾燥した香辛料・温和な芳香をもつ．精油は 4～16 % で，α-, β-ピネン，カンフェンなどモノテルペンが 80 % を占めている．肉料理，菓子類，ソース，ケチャップなどに用いられているが，消化剤，芳香性健胃剤，口腔清涼剤として生薬に用いられている．

のである．黄橙色をしたカロテノイド色素のクロシンを含み，香り，苦味もあることから香味料や生薬としても利用され，生産地はスペイン，フランス，イタリアなどである．**パプリカ**は，辛味の少ない唐辛子を乾燥させたものである．粉末は美しい紅色で，かすかな香りと甘味を呈する．おもな色素はカプサンチン，カロテンなどで，ハンガリー，スペイン，ポルトガルなどで生産される．

（b）香辛料の加工品

香辛料の加工品には，七味唐辛子のように数種類を混合しただけの混合香辛料や，溶剤抽出あるいは水蒸気蒸留で得られるオレオレジン，精油を乳化あるいは吸着させたマヨネーズ，ドレッシングなどがある．また，わが国で開発された即席カレーは，混合香辛料のカレー粉に調味料(塩，砂糖，酢)や小麦粉，油脂類などを加えて加工，熟成したものである．

七味唐辛子は，わが国の代表的な混合香辛料で，7種類の香辛料が配合されていることから，このようによばれている．その配合例は，唐辛子6（粉末3，焙煎したもの3），さんしょうの実1，ごま1，青のり1，陳皮1，麻の実1，けしの実1の割合である．

即席カレーは，カレー粉に油脂，小麦粉，調味料，果実や野菜のピューレーなどを加えてカレールウとし，固形，顆粒，ペーストなどに成形したものである．即席カレーの製造工程を図5.13に示す．カレー粉は，ふつう数種から十数種の香辛料を混合し，焙煎・熟成させたものである．

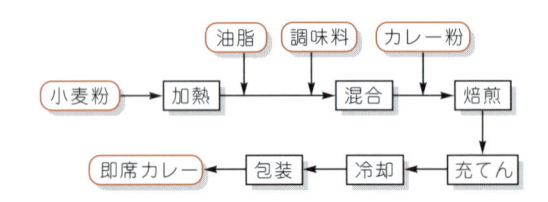

図5.13　即席カレーの製造工程

練 習 問 題

次の文を読み，正しいものには○，誤っているものには×をつけなさい．

（1）減塩しょうゆの食塩濃度は2～3％である．

重要☞　（2）海水からの食塩の製造にはイオン交換膜法(電気透析法)が用いられる．

（3）砂糖は，甜菜(ビート)の茎を原料として製造される．

重要☞　（4）転化糖は，グルコースを還元した糖アルコールである．

（5）ソルビトールは，グルコースを還元した糖アルコールである．

重要☞　（6）でんぷんにグルコースイソメラーゼが作用して，麦芽糖が生じる．

（7）アスパルテームは，フェニルアラニンとグルタミン酸が結合したものである．

（8）うま味調味料では，うま味の相乗効果を引き起こす．

(9) クルクミンは，バジルに含まれる香り成分である．
(10) ピペリンはしょうがの辛味成分である．
(11) 食酢の製造には，乳酸菌が使われる．
(12) サラダ油の製造では，エージングにより固体油を除去している．
(13) オリーブ油に含まれる不飽和脂肪酸は，α-リノレン酸が最も多い．
(14) 硬化油の製造中に，トランス型の脂肪酸が生成される．
(15) 濃口しょうゆの食塩濃度は，淡口しょうゆより高い．
(16) 異性化糖は，麦芽糖を還元して製造する．
(17) 醸造酢は，穀物酢と果実酢，ならびにそれ以外の醸造酢に分類される．
(18) マヨネーズは，水中油滴型エマルションである．
(19) こしょうの辛味成分は，アリルイソチオシアナートである．
(20) 水あめ製造の際の加水分解には，シュウ酸が利用されている．

重要

重要

転化糖
砂糖の主成分であるショ糖はブドウ糖と果糖が結合した二糖類である．ショ糖はスクラーゼ（インベルターゼ）で処理するとブドウ糖と果糖に分解（転化）する．このブドウ糖と果糖の混合物が転化糖．転化糖は湿気を吸いやすい性質をもっていることから，上白糖にごく少量加えられ固結しにくい性質を与えている．

硬化油に含まれるトランス型の脂肪酸
多くの生物が特異的にシス型の不飽和脂肪酸をつくり出す酵素をもっていることから，動植物油脂に含まれる不飽和脂肪酸は，ほとんどがシス型である．しかし，硬化油として製造された場合は，トランス型の脂肪酸を生ずることがある．

6 嗜好食品および インスタント食品

嗜好食品は栄養摂取のためではなく，個人の嗜好を満足させるための食品である．茶，コーヒー，ココア，清涼飲料などの嗜好飲料，清酒，ビール，ワインなどのアルコール飲料，まんじゅう，ケーキ，チョコレートなどのさまざまな菓子類がある．

また，食品の保存性や利便性を考えてさまざまなインスタント食品が開発されている．

6.1 嗜好飲料

中国から日本に茶が伝えられたのは平安時代のころで，最初は薬として飲まれてきた．嗜好品として飲まれるようになったのは，南北朝時代のころである．

近年，ペットボトルに入った茶も普及し，コーヒー，ココア，清涼飲料の需要も高まっている．

（1）茶類

茶はツバキ科の常緑樹の若葉を加工し浸出液を飲料としたもので，各種の茶が製造されている．

茶には，製造方法の違いにより葉を酸化させない不発酵茶（緑茶），葉を短時間酸化させる半発酵茶（ウーロン茶など），葉を長時間酸化させる発酵茶（紅茶）などがある（図6.1）．

どの茶も，主成分はカテキン（タンニンの一種），カフェイン，テアニンであ

ペットボトルの茶
殺菌したボトルに130～135℃で30～40秒殺菌した熱茶液を無菌充填，密栓して製造される．熱殺菌時間が短いため香味保持効果が高い．

お茶のビタミンCとカフェイン
緑茶に含まれるビタミンCの量は，100gあたり煎茶が260mg，玉露が110mg，抹茶が60mgであるが，お茶として飲む場合の浸出液中では煎茶6mg，玉露19mg，抹茶はそのまま飲むので60mgとなり，抹茶がいちばん多い．
また，茶類の浸出液中のカフェインの量は，煎茶0.02％，玉露0.16％，ウーロン茶が0.02％，コーヒーが0.06％，紅茶が0.03％であり，玉露が最も多い．

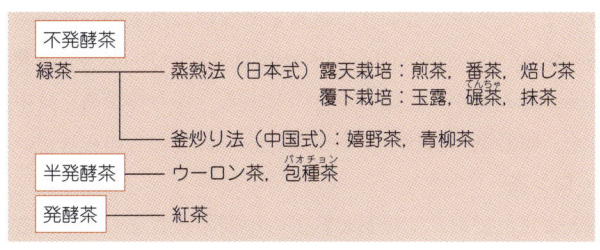

```
不発酵茶
  緑茶 ─┬─ 蒸熱法（日本式） 露天栽培：煎茶，番茶，焙じ茶
        │                   覆下栽培：玉露，碾茶，抹茶
        └─ 釜炒り法（中国式）：嬉野茶，青柳茶
半発酵茶 ── ウーロン茶，包種茶（パオチョン）
発酵茶 ── 紅茶
```

図6.1 茶の分類

る．カテキンは茶の収斂味(渋味)の成分で玉露10％，煎茶13％ほど，カフェインは苦味の成分で興奮，覚醒，利尿などの生理効果があり玉露3.5％，煎茶2.3％ほど含まれている．テアニンは茶のうま味成分であり1％ほど含まれているが，上級の煎茶，玉露となるに従テアニン量は多くなる．

浸出液にはカフェイン，タンニンのほかにカリウムやビタミンCも含まれる．

(a) 緑茶

緑茶は茶葉を収穫し，ただちに蒸熱して茶葉中の酸化酵素を失活させ，揉みながら乾燥してつくる．茶葉の加熱に蒸気を使うのが日本式緑茶で，釜で炒るのが中国式緑茶である．

加熱によって酵素を失活させるので茶葉が緑色に保たれる．茶葉の栽培法，製法により図6.1のように分類される．また，茶葉の採取時期により一番茶（5月上旬），二番茶（7月上旬），三番茶（8月中旬）に分けられるが，一番茶がタンニンが少なく窒素化合物が多い，最も品質がよい．

煎茶：緑茶のなかで代表的な茶で，日本における緑茶のほとんどが煎茶である．煎茶の製造工程を図6.2に示す．

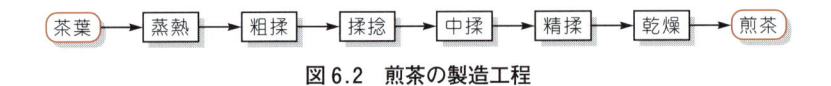

茶葉 → 蒸熱 → 粗揉 → 揉捻 → 中揉 → 精揉 → 乾燥 → 煎茶

図6.2　煎茶の製造工程

茶葉の発酵とは
ウーロン茶や紅茶などの茶葉の発酵は，ヨーグルトやワインのように微生物で発酵させるものではなく，茶葉中に存在する酸化酵素によって酸化させている．例外として，後発酵茶がある．

製造工程は大きく蒸熱工程，揉捻工程，乾燥工程に分けられる．露天栽培した茶葉を蒸気で約30秒間蒸し，葉をわん曲させる．茶葉中の酵素が失活する．直ちに冷却後，粗揉，揉捻，中揉，精揉の4段階でもみ作業を行う．この作業は熱風乾燥と加圧乾燥により軟らかくし，整形，乾燥する工程である．精揉工程では茶葉の水分は5％ほどになるが，さらに整形して調製し水分3〜4％まで乾燥させて製品とする．

番茶：煎茶用に若葉を採取したのち硬くなった茶葉や茎を原料として，製茶したものである．玄米を混ぜて炒ったものを玄米茶，強火で焙じたものを焙じ茶という．

玉露：茶樹に覆いをした覆下栽培による茶葉の新芽が原料である．煎茶と同様の方法で製造する．煎茶よりもうま味成分であるテアニンが多い．

碾茶：玉露と同じ茶葉を原料とし，蒸した葉をもまずに葉の形のまま乾燥させたものである．ひき茶ともいう．碾茶を微粉にしたものが抹茶である．

釜炒り茶：茶葉を熱い釜で，10〜15分間撹拌しながら炒り，茶葉中の酸化酵素を失活させ，もみながら乾燥したものである．保存性が高く，中国や台湾でつくられるが，嬉野茶(佐賀県)，青柳茶(熊本県)なども知られている．

後発酵茶
茶葉を蒸した後，かびや乳酸菌，バクテリアなどの微生物を用いて発酵させる．中国のプーアール茶，日本の黒茶，碁石茶，阿波番茶，石鎚黒茶などがある．

(b) ウーロン茶

半発酵茶とよばれており，緑茶と紅茶の中間の性質をもっている．中国，台湾がおもな産地でウーロン茶は茶の生葉を日光にあて，室内で撹拌萎凋させな

がら短時間酵素を作用(40〜50％発酵)させた後，釜炒り茶と同様に製造する．

包種茶(パオチョン茶)はウーロン茶よりさらに発酵の度合いが少ない．台湾の名産である．半発酵茶には，ほかにジャスミンの乾燥花を混ぜたものもある．

（c）紅茶

紅茶は茶葉中の酵素を十分に作用して酸化させ，加熱乾燥させてつくった茶であり，発酵茶といわれる．インド，スリランカ，台湾，インドネシアなどが主産地である．製造工程を図6.3に示す．

茶葉 → 萎凋 → 揉捻 → ふるい分け → 発酵 → 乾燥 → 紅茶

図6.3　紅茶の製造工程

茶葉を萎凋させ水分を蒸発させた後，揉捻機で十分にもみ上げる．約25℃，湿度90％以上の条件で30〜90分間酸化させる．酵素の作用によりフラボノイドのタンニンのカテキンが酸化過程で酸化酵素によって酸化され，紅褐色物質(橙赤色のテアフラビン，テアルビジン)に変化し，特有の芳香も生じる．最後に乾燥して水分を4〜5％程度にする．紅茶の主成分はタンニンとカフェインで，浸出液にも溶出する．

（2）コーヒー

コーヒー豆は，高温多湿の熱帯地方(南・北緯25°の間，コーヒーベルトとよばれる地域)で産出されている．コーヒーの樹はアカネソウ科の熱帯産常緑樹で，おもにアラビカ種(エチオピア原産)，ロブスタ種(コンゴ原産)が栽培されている．南アメリカとアフリカが主産地であり，ブラジル産とコロンビア産のコーヒーが有名である．

レギュラーコーヒーは，コーヒー豆の熟した実を収穫し，種子以外の部分(不要な外皮，果肉，内果皮など)を取り除いたものである．これを原産地から輸入して焙煎する．焙煎は一般に200〜250℃で約15分間行われるが，この操作によってコーヒー独特の芳香が生じる．焙煎した豆を粉砕し，熱湯で浸出して飲用する．コーヒーにはカフェインが約1.5％含まれ，興奮作用と利尿作用がある．

インスタントコーヒーは，レギュラーコーヒーと同じ工程で得られたコーヒー粉を用いる．これに熱湯を加えて，一度に大量のコーヒー液をつくり，水分を除去したものである．フリーズドライ方式はコーヒー液を−40℃の低温で凍結させ，真空の状態で水分を昇華させ取り除いたもので粒子が大きい．スプレードライ方式は，コーヒー液の水分を瞬間的に蒸発させてつくられ微細な粉末になる．

（3）ココア

ココアは，熱帯植物カカオ果実の種子(カカオ豆)から脂肪分を取り除き，粉末にしたものである．カカオ豆を焙煎して芳香を生成させ，これを粗砕して皮

CTC紅茶

CTC (crushing, tearing, curing)紅茶といわれ，ティーバッグなどに用いられるものがある．萎凋させた茶葉を破砕機で磨砕して酸化させ，製品を篩別して粒度をそろえたものである．

を除き胚乳(カカオニブ)を集める．カカオニブを磨砕するとカカオマス(ビターチョコレート)が得られ，これを圧搾してカカオバターを除いた後，乾燥させ微粉砕する．カカオマスにカカオバター，粉糖，粉乳などを加え，練り固めたものがチョコレートである．

ココアは脂肪を約21％，興奮作用をもつテオブロミンを約1.8％含んでいる．

（4）清涼飲料

清涼飲料とは，爽快味をもち，アルコール分を含まない(1％以下)飲料のことで，発泡性飲料と非発泡性飲料に大別される．

発泡性飲料は炭酸飲料といわれるもので，炭酸水のようにフレーバーを含まないものと，サイダー，ラムネ，コーラなどのようにフレーバーを含むものがある．なお，サイダーとは，本来はりんごを発酵させてつくる酒(cider, cyder)のことである(発泡性を示すものが多い)が，日本ではサイダーといえばフレーバーを含み，糖や酸などで調味した炭酸飲料である．

非発泡性飲料は，果汁含有率10％以下の飲料あるいは甘味料，酸味料，香料，着色料などを加えた飲料で，フルーツシラップ，ミネラルウォーター，スポーツドリンクなどがある．

6.2 アルコール飲料

酒税法により，アルコール飲料とは，「アルコール分1％以上を含む飲料」と定義されている．また製造法により，醸造酒，蒸留酒，混成酒の3種に分類されている(図6.4)．

醸造酒には，ワインのように，果実の糖質を原料に，酵母により直接アルコール発酵させる単発酵酒，ビールのように穀類のでんぷんを原料に，糖化の後アルコール発酵させる単行複発酵酒，清酒のように穀類のでんぷんを原料に，糖化とアルコール発酵を同時に行わせる並行複発酵酒がある．

蒸留酒は醸造酒を蒸留してアルコール濃度を高め熟成させた酒で，ウイスキー，ブランデー，焼酎，ウォッカなどがある．

混成酒は醸造酒や蒸留酒または原料用のアルコールを混合し，糖分，着色料，香辛料などを加えたもので，みりん，白酒，薬酒類，リキュール類などがある．

```
アルコール飲料 ─┬─ 醸造酒 ─┬─ 単発酵酒：ワインなどの果実酒
                │           └─ 複発酵酒 ─┬─ 単行複発酵酒：ビール
                │                         └─ 並行複発酵酒：清酒
                ├─ 蒸留酒：ウイスキー，ブランデー，焼酎，ウォッカ
                └─ 混成酒：みりん，合成清酒，リキュール類，甘味果実酒
```

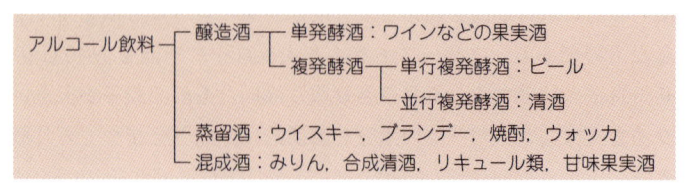

図6.4 アルコール飲料の分類

（1）清酒

米を原料とする日本の伝統的な醸造酒である．日本酒ともいわれる．清酒は

コーラ

熱帯アフリカに野生するアオギリ科のコーラの樹になる果実の種子(コーラナッツ)とコカの樹の葉の抽出エキスからコカインを除き，香料，糖分，酸味料，着色料などを加え，炭酸ガスを圧入してびんや缶に詰めた飲料．

スポーツドリンク

1965年アメリカで登場した飲料で，水にブドウ糖とミネラルを加えて浸透圧を体液と等張から低張にしたものである．スポーツ時における水分の吸収が速くなり，運動機能の維持によいとされている．

リキュール

本来，リキュールとは醸造酒や蒸留酒または純アルコールに香料，色素を加えて香味づけし，果実，種子，草根木皮などの風味と糖類の甘味を加えた特有の芳香をもつアルコール分の強い酒である．わが国の酒税法でリキュール類とは，生成された酒類と糖類，香味料，色素を原料とし，アルコール分が15％以上，エキス分が2％以上のものである．ただし，清酒，合成清酒，焼酎，みりん，ビール，果実種類，ウイスキー類，発泡酒は除かれる．

図6.5 清酒の製造工程

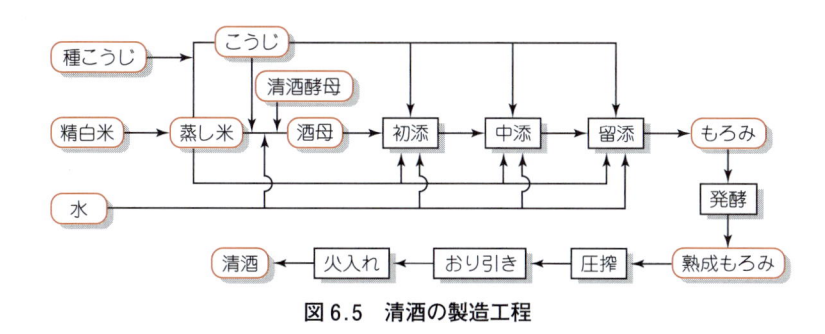

米と，こうじかび（こうじ菌），清酒酵母を用い，糖化とアルコール発酵との2つの過程を同時に並行して行われる並行複発酵酒である．製造工程を図6.5に示す．

精白米を蒸し，こうじかびを加えてこうじをつくり，蒸し米にこうじ，水，清酒酵母を加えて増殖させると約2週間で酒母ができる．さらに，蒸し米，こうじ，水を3回にわたって加え（初添，中添，留添），約3週間発酵させるともろみが熟成する．アルコール濃度は18～20％になり，アミノ酸，有機酸，エステル類，糖分など清酒の香味に関わる成分が生成される．清酒特有の味はコハク酸による．発酵が終わった熟成もろみは圧搾され，新酒と粕に分けられ，おり引き，火入れ殺菌をされて製品になる．

清酒には，吟醸酒，純米酒，本醸造酒がある．本醸造酒は精米歩合70％以下の白米と米こうじ，醸造用のアルコールを使用してつくる清酒である．吟醸酒は精米歩合60％以下，大吟醸では精米歩合50％以下の白米と米こうじ，醸造用のアルコールを使用してつくる清酒である．純米酒は，白米と米こうじのみでつくる酒をいう．市販されている清酒のアルコール濃度は約12.3％である．

（2）ビール

酒税法では，ビールは麦芽，ホップ，および水を原料とし，単行複発酵させた醸造酒である．製造工程を図6.6に示す．

大麦（二条大麦）を水に浸漬し，十分に吸水させた後幼根が麦粒の1.5倍にな

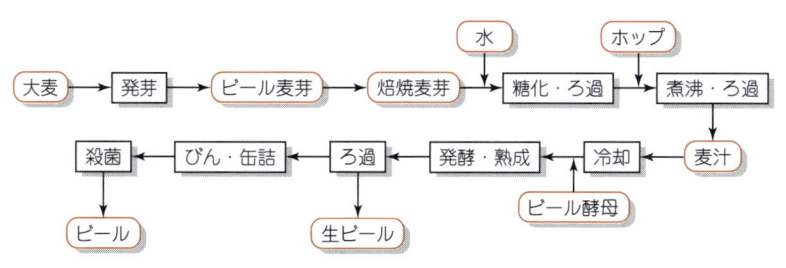

図6.6 ビールの製造工程

ホップ
クワ科に属するつる性植物の未受精の雌花を乾燥させたものである．ビール特有の香りと苦味を与え，同時に泡立ちと保存性をよくする．苦味の本体は，麦汁に溶け出したフムロンが加熱されて異性化したイソフムロンである．ビールの泡は苦味とともに重要であり，泡の本体は大麦発芽中にできる気泡性たんぱく質とイソフムロンの複合体である．

ビール用大麦
写真提供：サントリーホールディングス株式会社

ホップ
写真提供：サントリーホールディングス株式会社

ラガービールと発泡酒

ラガー (lager) は英語で「貯蔵」を意味し，ドイツ語の lagerung を語源とする．下面発酵ビールは，低温で長期間貯蔵工程において熟成させることができることから，ラガービールとよばれている．ビールは麦芽を原材料の67％以上使用し，また副原料も政令で指定されたもの以外は使用できない．一方，発泡酒は麦芽または麦を原料の一部に使用したもので，使用割合や副原料については定められていない．
近年，「第4のビール」とよばれているものは「その他の発泡性酒類」であり，原料に「麦芽・麦」を使用していない，アルコール分10％未満の発泡性をもつ酒類である．

るまで発芽させる．これを<u>ビール麦芽</u>といい，麦芽内には酵素類がつくられる．麦芽を加熱，乾燥させ，特有の香味や色をつけた後粉砕する．これにでんぷんなどの副原料を加えてでんぷんの糖化，たんぱく質の分解を行わせ，ホップを加えて煮沸，ろ過し麦汁をつくる．ホップはビールに欠かせない香気と苦味を与え，保存性をよくする．5℃まで冷却した麦汁にビール酵母を加え発酵させる．

酵母には，イギリス系ビールに使用する<u>上面酵母</u>とドイツ系ビールに使用する<u>下面酵母</u>がある．前者では5日，後者では10日前後発酵させた後，0℃前後で約1か月間熟成させ，炭酸ガスをビールに溶解させる．ろ過した後にびんまたは缶に詰めたものが生ビールであり，貯蔵性を高めるために加熱殺菌される．上面酵母を使ったビールは色が濃く，下面酵母では色が淡く風味もすっきりしている．一般に販売されている淡色のビールのアルコール濃度は約4.6％である．

（3）ワイン

<u>ワイン</u>はぶどうの果実を原料として発酵させた醸造酒で，酒税法では果実酒類に入り，果実のエキス分21度未満のものをいう．原料ぶどうの品種が多く，産地や製法によってもさまざまなワインが生産されている．図6.7に赤ワインの製造工程を示す．

<u>赤ワイン</u>は赤または黒ぶどうを原料とし，その果肉，果皮，種子を一緒にして発酵させる．雑菌の繁殖や酸化を防止し，赤色の色素を安定化させるために亜硫酸塩（ピロ亜硫酸カリウム）を加え，ワイン酵母を加え20〜25℃で10日間ほど発酵させた（主発酵）後に搾汁し，密閉樽に詰めて熟成させる（後発酵）．熟成中に特有の風味や香気が生じる．

<u>白ワイン</u>には緑黄色の品種のぶどうが用いられ，果実を破砕，圧搾して果皮，種子を取り除き，果汁のみを用いて発酵させる．熟成は赤ワインの場合と同様に行われる．通常の赤ワインおよび白ワインのアルコール濃度は約11.3〜11.6％である．

そのほか，赤ワインと白ワインの中間のロゼワイン（通常のアルコール濃度は約10.7％），ワインに糖分と酵母を加え二次発酵させた発泡酒（シャンパン），白ワインにブランデーを加えて発酵させたシェリー酒，発酵途中のワイン（赤あるいは白）にブランデーを加え圧搾，貯蔵したポートワインなどがある．

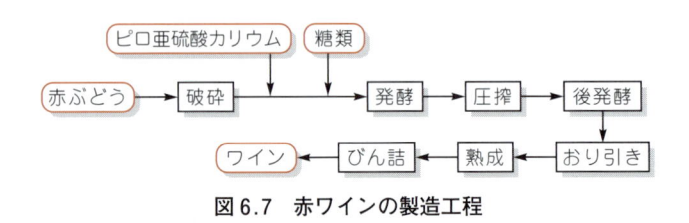

図6.7 赤ワインの製造工程

（4）蒸留酒

醸造酒を蒸留して，さらにアルコール度を高めた酒である．

ウイスキー：ピート（泥炭）で燻煙した大麦の麦芽のみでつくるモルトウイスキー，燻煙していない麦芽ととうもろこし，らい麦などを用いるグレインウイスキー（バーボン，カナディアン）がある．アルコール度は約40％と高いので変質しにくい．

ブランデー：ぶどう，りんごなど果実の醸造酒を蒸留し熟成させた酒．通常は糖分の少ない白ワインを蒸留する．貯蔵，熟成は数年から数十年行われる．フランス産とアメリカ産が知られているが，コニャック地方（フランス）産のコニャックがとくに有名である．アルコール濃度は43％以上である．

焼酎：穀類，いも類，そば，黒砂糖などを原料にした醸造酒からつくる日本独特の蒸留酒である．焼酎は，連続式蒸留焼酎（甲類）と，単式蒸留焼酎（乙類，本格焼酎）とに分類され，連続式蒸留焼酎は，さらに粕取り焼酎と醪取り焼酎に分類される．連続式蒸留焼酎は，醪を連続式蒸留機（パテントスチル）で蒸留して得たエタノールを水で薄めて36％（v/v）未満にしたもので，ほぼ無味無臭である．ホワイトリカーも甲類焼酎の一種である．単式蒸留焼酎は，酒粕または醪を単式蒸留機（ポットスチル）で蒸留して得られる焼酎で，アルコール分は45％以下である．市販されている焼酎のアルコール濃度は甲類が約35％，乙類が約25％である．

ウォッカ：主原料は穀類と麦芽で，蒸留したアルコールを白樺炭で濾過して無臭にする．アルコール濃度は約40％のものが多い．

その他，とうもろこし，ライ麦を原料として独特の香りをつけたジン，さくらんぼを原料とするキルシュ，さとうきびを原料とするラム，メキシコの竜舌蘭（サボテンの一種）からつくるテキーラなどがある．

（5）混成酒（再製酒）

みりんは蒸したもち米と麹に焼酎または醸造用アルコールを加え，数か月間糖化し，熟成させた酒で調味料として用いられるが，さらに焼酎でアルコール濃度を高めた本直しはアルコール濃度が20％でおもに飲用として使われている．蒸したもち米と麹に焼酎を加え，一か月程度糖化し熟成させた白酒，オレンジの香味をつけたリキュールのキュラソー，甘味果実酒のスイートワイン，はっか香のリキュールであるペパーミント，熟成した白ワインに20種以上の草根木皮を漬け込んだベルモットなどがある．

6.3 菓子類

われわれの周辺には非常に多くの菓子類がある．明治時代以降，多くのヨーロッパの菓子類がわが国に流れ込み，食生活を豊かにした．菓子の種類の多さはその国の文化のバロメーターであるといわれている．わが国はその点，和菓子あり，洋菓子あり，さらにその折衷的な菓子ありと，ざっと数えただけでも

赤ワイン用のぶどう
写真提供：サントリーホールディングス株式会社

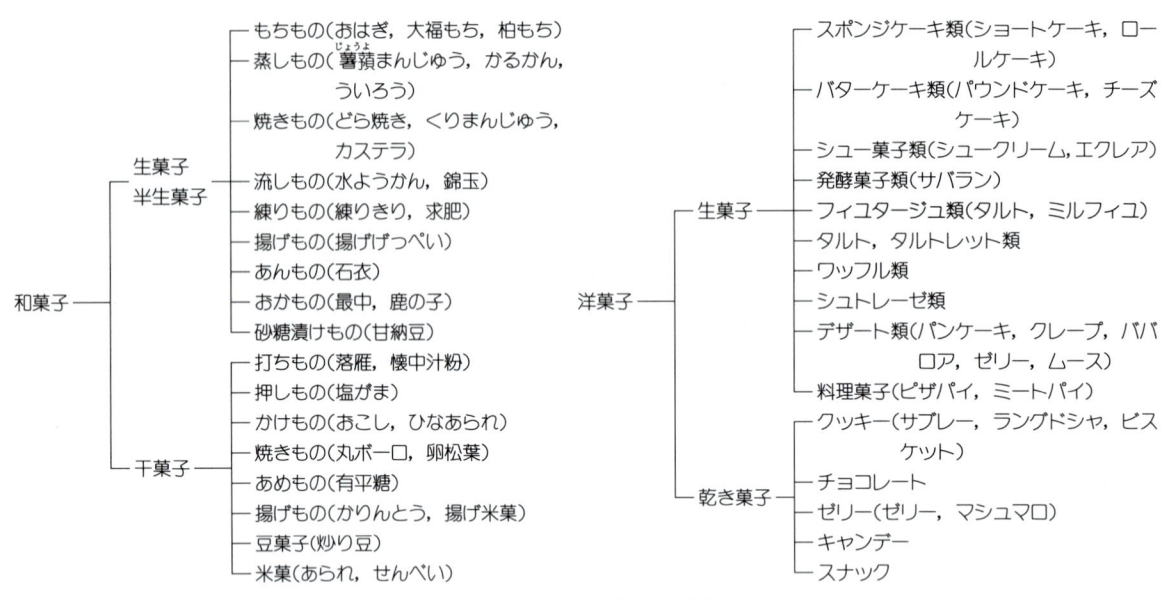

図6.8　おもな菓子の種類

```
和菓子 ─┬─ 生菓子   ─┬─ もちもの(おはぎ, 大福もち, 柏もち)
       │  半生菓子  ├─ 蒸しもの(薯蕷まんじゅう, かるかん, ういろう)
       │            ├─ 焼きもの(どら焼き, くりまんじゅう, カステラ)
       │            ├─ 流しもの(水ようかん, 錦玉)
       │            ├─ 練りもの(練りきり, 求肥)
       │            ├─ 揚げもの(揚げげっぺい)
       │            ├─ あんもの(石衣)
       │            ├─ おかもの(最中, 鹿の子)
       │            └─ 砂糖漬けもの(甘納豆)
       └─ 干菓子   ─┬─ 打ちもの(落雁, 懐中汁粉)
                    ├─ 押しもの(塩がま)
                    ├─ かけもの(おこし, ひなあられ)
                    ├─ 焼きもの(丸ボーロ, 卵松葉)
                    ├─ あめもの(有平糖)
                    ├─ 揚げもの(かりんとう, 揚げ米菓)
                    ├─ 豆菓子(炒り豆)
                    └─ 米菓(あられ, せんべい)

洋菓子 ─┬─ 生菓子  ─┬─ スポンジケーキ類(ショートケーキ, ロールケーキ)
       │           ├─ バターケーキ類(パウンドケーキ, チーズケーキ)
       │           ├─ シュー菓子類(シュークリーム, エクレア)
       │           ├─ 発酵菓子類(サバラン)
       │           ├─ フィユタージュ類(タルト, ミルフィユ)
       │           ├─ タルト, タルトレット類
       │           ├─ ワッフル類
       │           ├─ シュトレーゼ類
       │           ├─ デザート類(パンケーキ, クレープ, ババロア, ゼリー, ムース)
       │           └─ 料理菓子(ピザパイ, ミートパイ)
       └─ 乾き菓子 ─┬─ クッキー(サブレー, ラングドシャ, ビスケット)
                    ├─ チョコレート
                    ├─ ゼリー(ゼリー, マシュマロ)
                    ├─ キャンデー
                    └─ スナック
```

表6.1　練り上がりあんの名称と配合

名称	生あん(生豆)(g)	砂糖(g)	水(ml)	食塩(g)	水あめ(g)	その他(g)
小豆こし並あん	小豆こし生あん(1000)	600〜700	500〜600	1.5〜3	—	
白こし並あん	白こし生あん(1000)	600〜700	400〜500	—	—	
小豆つぶ並あん	小豆(500)(小豆つぶ生あん1000)	600〜700	—／400〜500	—	—	
小豆こし中割あん	小豆こし生あん(1000)	750〜800	400〜500	—	30〜50(またはカップリングシュガー50〜70)	
白こし中割あん	白こし生あん(1000)	750〜800	300〜400	—	〃	
小豆粒中割あん	小豆(500)(小豆つぶ生あん1000)	750〜800	—／400〜500	—	〃	
小豆こし最中あん	小豆こし生あん(1000)	1000〜1100	300〜400	—	50〜100(またはカップリングシュガー70〜130)	糸寒天 2〜3
白こし最中あん	白こし生あん(1000)	1000〜1100	200〜300	—	〃	〃
小豆粒最中あん	小豆(500)(小豆粒生あん1000)	1000〜1200	200〜300	—	〃	〃
白粒最中あん	白小豆(500)(白粒生あん)	1000〜1050	—	—	〃	〃
小倉あん	小豆こし並あん(500) みつ漬け豆(300〜500)	—	200〜300	—	—	
練り切りあん	白, 小豆こし生あん(1000)	600〜650	400〜500	—	20〜30(またはカップリングシュガー30〜50)	倍割求肥 120〜130
黄味あん	白こし生あん(1000)	600〜750	400〜500	—	—	卵黄 3〜40個
千鳥あん	白こし生あん(700) 小豆こし生あん(300) みつ漬け豆(300)	600〜750	400〜500	—	—	

84

数万種はあり，まさにわが国の文化の高さを示すものといってもよいだろう(図6.8)．

菓子は穀類，糖類，油脂，卵，乳製品などを主原料とし，その他の食材を適宜配合して，そのまま食べられるようにした嗜好食品といえる．

あんは日本独特のものといわれており，和菓子の重要な材料である．表6.1にあんの種類を示す．どれも，でんぷんとたんぱく質を主成分とする豆類である．

あんの中の細胞の状態は，図6.9のように示すことができる．あんは細胞を破壊せずに加工調理されているので，細胞中のでんぷんは細胞中(内)のたんぱく質などで取り囲まれた中で糊化が起こり，それがあんの食感を決めている．したがって，あんの示す食感は，その主成分が豆でんぷんでありながら，糊化でんぷん単独が示すものとはまったく異なっている．さらに，卵黄を混入した黄味あん，白こし生あんなどが幅広く存在し，和菓子に季節感や色彩感などを与えている．

Plus One Point

江戸のあん，京都のあん

あずきを煮ると腹が割れるので，武士社会の江戸では嫌われ，ささげを用いてあんをつくった．一方，京都ではあずきを大納言とよび，大切にした．したがって，江戸の菓子と京菓子では当然味が違った．

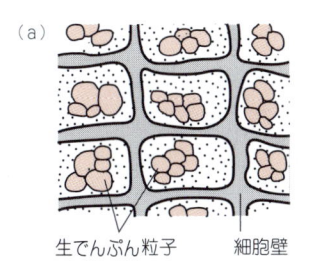

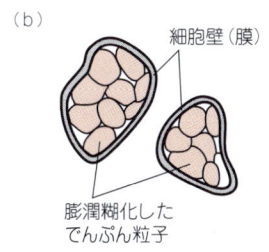

図6.9
あずきあんの細胞膜式図
(a)あずき生子葉細胞．
(b)あずきあん粒子．
「食品加工学(改訂第2版)」，小川 正・的場輝佳 共編，南江堂(1997)，p.153．

(1) 和菓子の製造

(a) 串団子

上新粉に水を加えてよく捏ねる．生地を千切り，強い蒸気で蒸す．十分ついた後，一度冷やして再びつく．直径2cmくらいの棒状に延ばし，1.5～2cm幅に切り分けて丸める．串に刺し，あんやたれをつける．

(b) 桜もち(道明寺製)

道明寺粉を水につけた後，よく水を切り，蒸気で強く蒸す．次に赤の着色料で薄紅色をつけた砂糖水に入れ，軽く混ぜ，ぬれた布巾をかぶせて放置する．30gずつ切り，あんを包み俵形にする．塩漬けの桜の葉を水洗後，水を切って巻く．

(c) 薯蕷まんじゅう

大和いもをすりおろす．上白糖，上新粉を混ぜて，生地をよく捏ねる．あんを包み，ぬれた布巾を敷いたせいろに並べる．弱めの蒸気で蒸し上げる．

(d) 練りようかん

糸寒天を水中で加熱溶解させる．生あんとグラニュー糖を加え，加熱してよく溶かす．溶けたら火を止めて，凝固させる．

桜もち(焼皮製)
食紅でピンク色に練った小麦粉を焼いた焼き皮にあんを包み，桜の葉で巻くつくり方もある．

（2）洋菓子の製造
（a）キャンデー菓子
　砂糖水溶液を加熱していくと，水が完全に蒸発するまでは100℃より上昇しないが，蒸発後少しずつ温度が上昇しはじめる．この加熱到達温度（煮上げ温度）の違いによって，冷却後のキャンデーの造形性，物理的性質に大きな違いが生じる．表6.2に，砂糖溶液の煮上げ温度による状態変化とキャンデーの例を示した．煮上げ温度が高いほど硬いキャンデー，低いほど軟らかいキャンデーになる．さまざまなキャンデー菓子を表6.3に示す．

（b）チョコレート
　カカオ豆から抽出した淡黄白色のカカオバターとカカオマスに砂糖などを加え，混合後，リファイニング（磨砕），コンチング（精練）処理してつくる．

（c）ビスケット
　小麦粉，糖類，油脂，水などを混合し，生地をつくる．その後，いろいろな形に成型し，焙焼する．ビスケットは，ハードビスケットとソフトビスケットに大きく分けることができ，カリッとして硬いものがハードビスケット，サックリして軟らかいものがソフトビスケットである．ハードビスケットはグルテンのやや多い中力粉を使い，ソフトビスケットはグルテンの少ない薄力粉を使う．ハードビスケットは，炭酸ガスを逃がすために，焼く前の生地に小さな針穴を多数つける．

Plus One Point

ビスケットの由来

Biscuitは，ラテン語の *Biscoctum Panem*（二度焼いたパン）が由来であるといわれている．パンの水分含量を5％以下の低水分にするためには，単にパンを長時間焼くだけでは低水分にならない．表面が焦げるだけである．そこで一度パンをオーブンから出し，水分を拡散により均一化させた後，再度焼けば5％以下の低水分になる．

表6.2 砂糖溶液の煮上げ温度による状態変化とキャンデーの例

名　称	状　態	煮上げ温度(℃)	キャンデー例
		100	
クリスタルシロップ	真珠状になる	105	寒天ゼリー デンプンゼリー
ライトストリング	糸を引く		ペクチンゼリー
		110	フラッペ
ソフトボール メジュムボール	軟らかい玉になる		マシュマロ ゼラチンゼリー
		115	フォンダン
スチックボール	やや硬い玉になる		ファッジ
		120	キャラメル
ハードボール ライトクラック	硬い玉になる	125	タフィー ヌガー
		130	
ブリットルクラック	割れる		
		135	
		140	
ハードクラック	硬く割れる		
		145	ドロップ，バタースカッチ
	まだ色はつかない	150	ピーナッツブリットル
		155	べっこうあめ

表6.3 キャンデーの分類

材　料		キャンデーの種類
おもに砂糖のみ	高温処理 低温処理	有平糖 ボンボン
砂糖，水あめ	高温処理 低温処理	透明なもの：ドロップ 気泡の入ったもの：引きあめ フォンダン，クリームセンター
砂糖，水あめ，脂肪，その他	高温処理 低温処理	バタースカッチ，ピーナッツタフィー キャラメル
砂糖，水あめ，ゼリー化剤，その他		ゼラチン：ゼリー ペクチン：ゼリー 可溶性デンプン：ガムドロップ チクルガム：チューインガム 寒天：ゼリー，ようかん
砂糖，水あめ，気泡剤		ゼラチン：マシュマロ アルブミン：ヌガー，マシュマロ
砂糖，結合剤		アラビアガム，またはゼラチン：錠菓 トラガントガム ゼラチン，デキストリン：ロゼンジー

(d) スナック

「塩味に合うフレーバーをもち，これまでの菓子のイメージとは異なる感じの菓子」として登場したスナック菓子は，いまや全盛時代にある．小麦粉，コーン，ポテトなどのデンプンを用い，基本的にはエクストルーダーとよばれる機械装置により加圧し，流動化したでんぷんを膨張させて完全に α 化させ，この流動化したでんぷんを一定のノズルから圧力をかけて押し出し，成型後，乾燥，フライ処理したものである．この間に，食塩やフレーバーをかける．素材のもつフレーバー味覚，くせといったものがあまりはっきり表面に出ず，あくまでも塩味と添付フレーバーが大きな意味をもつ菓子である．

6.4　インスタント食品

インスタント食品とは簡単な短時間調理で食べられ，保存性がよい加工食品のことである．はったい粉，乾し飯のような古くからあるインスタント食品は簡単な加工操作によりつくられていたが，現在では加工技術が発展したことにより，さまざまなインスタント食品が製造されている．インスタント食品は簡便さ，調理の省力化，運搬性，保存性に優れた特性をもつことから，現代の食生活のニーズに合った食品である．また，登山の携行食糧，災害時の備蓄食品としての重要な役割を担っている．おもなインスタント食品を表6.4に示した．

(1) 粉末食品

インスタントコーヒーは，コーヒー抽出液を高温の乾燥容器内に噴霧して素

はったい粉

オオムギを炒って挽いた粉．別名は麦こがし．

乾し飯

米を蒸して陰干ししたもので，携帯食，保存食とされた．別名は糒（ほしい）．

表6.4 インスタント食品の種類と食品例

種類	おもな食品例
粉末食品	インスタントコーヒー，レモンティー，ミルクティー，スキムミルク，ココア，粉末タイプ清涼飲料，茶(顆粒状)，汁粉，粉末スープ，即席みそ汁，即席吸い物，粉末マッシュポテト
乾燥食品	インスタントラーメン，アルファ化米，乾燥ゆば，焼き麩，乾燥わかめ
濃縮食品	めんつゆ，濃縮ジュース
レトルト食品	米飯(白飯，赤飯，粥)，カレー，シチュー，スープ，ハンバーグ，ミートボール，ミートソース，煮豆，おでん
缶詰・瓶詰	ミートソース，クリームソース，野菜・魚類・肉類の味付け済み缶詰
冷凍食品	調理済み冷凍食品，野菜・果物・魚類類の冷凍食品

早く乾燥させる噴霧乾燥法と真空状態で凍結乾燥させる凍結乾燥法で製造される．凍結乾燥法によるコーヒーは噴霧乾燥法に比べてコーヒー風味が損なわれないが，製造に手間がかかるなどで価格は高めである．

無糖の粉末紅茶，粉末紅茶に糖分とレモン果汁粉末(レモンティー)またはりんご果汁粉末(アップルティー)や粉末乳製品(ミルクティー)などを加えてつくられる，甘味のある紅茶ベースの各種インスタントティーがある．

即席みそ汁は凍結乾燥した調味みそ，具材(わかめ，麩，豆腐，ねぎなど)，調味料などからなり，風味のよい製品がつくられている．みその形態は粉末みそのほかに，レトルトパウチ入りの生みそタイプがある．

（2）乾燥食品

インスタントラーメンは，熱湯をかける，または湯で煮る簡単な調理にて食べることができる袋またはカップ入りの揚げめんまたはノンフライめんであり，粉末スープ，液体スープ，調味油，具材などが添付される．ラーメン以外に，うどん，そば，きしめん，焼きそば，スパゲティ，はるさめなどのめん製品があり，この中には真空パック包装された生めんタイプもある（α化米については2章参照）．

（3）濃縮食品

めんつゆは，だし，しょうゆ，みりん，砂糖をもとにつくられた調味料で，そのまま使用するストレートタイプと水で希釈して用いる濃縮タイプがある．開封後の賞味期限は冷暗所に保存して，ストレートタイプで3～5日，濃縮タイプで2週間から2か月程度であり，家庭では保存性から，濃縮タイプが使いやすい．めんつゆはめんとともに食する以外にも，煮物や鍋物の味つけ，天ぷらのつけ汁，大根おろしや豆腐にそのままかけるなど，簡単に味つけ調理ができることから，近年ではしょうゆよりもめんつゆの消費量が伸びている．

（4）レトルト食品

レトルト食品はレトルトパウチ食品の略称であり，プラスチックフィルムもしくは金属箔またはこれらを多層に貼り合わせたものを袋状その他の形に成形

した容器に，調製した食品を詰めて，熱溶融により密封し，加圧加熱殺菌したものである（レトルト食品については 8.5 節，9.3 節を参照）．米飯，カレー，シチューなど多様な製品があり，多くは袋のまま熱湯で数分間加熱して食するタイプである．

（5）缶詰・びん詰食品，冷凍食品

缶詰・びん詰食品は，基本的に調理済み食品であり，開けて直ぐにあるいは簡単な調理の後，食べることができる（缶詰食品・びん詰食品については 8.5 節，9 章を参照）．

冷凍食品には，ピラフ，チャーハン，ピザ，フライ，ホットケーキなどの調理済み食品と野菜，果物，魚介類などの下処理済み食材がある．調理済み食品は電子レンジまたは湯煎で加熱後直ぐに食べられ，おもな下処理済み食材は冷凍状態のまま調理することができることから，調理の省力化や利便性に優れている（冷凍食品については 8.3 節を参照）．

練 習 問 題

次の文を読み，正しいものには○，誤っているものには×をつけなさい．

(1) カテキン類は，緑茶特有のうま味成分である．
(2) ウーロン茶は，発酵茶に分類される．
(3) お茶に含まれるテアニンの量は，煎茶より玉露のほうが少ない．
(4) ケルセチンは，コーヒーの苦味成分である．
(5) 清酒の醸造では，こうじかびと酵母が使われる．　　　　　　☞ 重要
(6) 清酒のアルコール濃度は，4〜6％である．
(7) ビールの苦味成分はフムロンである．
(8) 上面発酵ビールは，ラガービールとよばれる．
(9) ビールの製造における糖化には，こうじ菌が使われる．　　　☞ 重要
(10) ワインの醸造では，酸化防止のために亜硝酸塩を加える．　　☞ 重要
(11) ワインの製造には，こうじ菌が使われる．　　　　　　　　　☞ 重要
(12) モルトウイスキーは，原料として大麦麦芽を用いて製造される．
(13) ブランデーは，並行複発酵酒である．
(14) 甲類焼酎は，本格焼酎とよばれる．　　　　　　　　　　　　☞ 重要
(15) あん製造時，砂糖に対する食塩の比率は 3〜5％である．
(16) あん中のデンプン粒は，十分に α 化している．
(17) 串団子はうるち米ではなく，もち米でつくる．
(18) 砂糖溶液の煮上げ温度が高いほど硬いキャンデーになる．　　☞ 重要
(19) ホワイトチョコレートはカカオ豆から抽出したカカオバターで作る．
(20) 噴霧乾燥法で製造されたインスタントコーヒーの形状は 2〜3 mm 程度の粗く

不定形な粒状である.

7 食品の加工法

　原材料から食品をつくる加工操作を大まかに分類すると，物理的加工，化学的加工，生物的加工に分けられる．加工食品は単一の加工操作によって製造されることは少なく，複数の加工操作によってつくられる場合が多い．たとえば，パン製造において，原材料をこねる操作は小麦粉などの粉類と水を均一な塊(生地)にする 物理的加工 であり，こね操作中に起こるたんぱく質分子間 SH/S-S 結合交換反応など，新たな分子間結合の生成(グルテンの形成)は 化学的加工 である．またパン酵母の発酵による炭酸ガスや香気成分の生成は 生物的加工 であり，パン生地の焙焼(物理的加工)に伴って起こるアミノ・カルボニル反応による着色物質と香気の生成は化学的加工である．

　このように，加工食品は複数の加工操作や一つの加工操作で複数の加工原理を伴うことがある．この章では，これまで説明してきた食品の主な加工法について，物理的加工，化学的加工，生物的加工の3つの分類に従って解説する．

7.1　物理的加工

　物理的加工は粉砕，搗精，混合，圧搾，篩別(しべつ)，蒸留，抽出，吸着，ろ過，濃縮，乾燥，加熱，冷蔵，冷凍などの操作のことで，原材料から有害成分や非栄養素成分の除去，食品の嗜好性および消化性の向上などのために，加工食品製造において多く用いる．おもな操作法を以下に示した．

（1）粉砕，磨砕，擂潰(らいかい)

　粉砕 には，食材をそのまま粉砕する 乾式粉砕 と水を加えて粉砕する 湿式粉砕 とがあり，粉砕中の発熱で品質が劣化する場合には冷却しながら粉砕する．穀類，豆類などの粒状食材の粉末化(製粉)は，それらの利便性や加工性を向上させる．固体状の食品を破砕し，細粒化することにより，含まれる成分や組織の分離，または以降の乾燥，溶解，抽出などの操作を容易にすることができる． 磨砕 は食品に水を加えてすり潰すことで，たとえば豆乳・豆腐の製造過程で浸漬した大豆をグラインダーなどですり潰して生呉汁(ごじる)を得る工程などがある． 擂潰 は調製した魚に食塩を加えて擂潰機にてペースト状にする操作をいい，かま

米粉

白玉粉，上新粉など各種の米粉が古くからつくられ，和菓子や米菓子などの材料として利用されてきた(詳細は p.85参照)．近年，米の利用拡大を目指して，従来の米粉より粒子が細かく，でんぷん粒の破壊が少ない粉などの米粉製品が開発された．新たな製粉技術により製造された米粉は，これまでの利用方法とは異なる新用途(パン，めん，洋菓子など)に用いることができるようになった．

ぼこ製造の重要な工程である．

（2）搗精（精白）

搗精（精白）は，米粒から糠層と胚芽を取り除く操作のことで，摩擦・研磨により玄米の表面を削って白米にすることである．

（3）混合，混捏

混合は，固体と固体，液体と液体，固体と液体，固体と気体，液体と気体などの原材料を混ぜる操作のことである．混合操作によって，混ぜ合わせ，溶解，分散，乳化，吸着，酵素反応や化学反応の促進などを行う．パンやめん類の製造において小麦粉，水などの原料をこねることを混捏という．

（4）分離

固体と固体，固体と液体，固体と気体，液体と液体の各形体間の分離があり，篩別，圧搾，遠心分離，蒸発，蒸留，抽出，吸着などの操作によって，目的成分を分離する．

（a）篩別

粒子の大きさによる篩い分けであり，小麦粉とふすまの分別など穀類の粉砕後によく用いられる．

（b）蒸留，抽出

蒸留は各成分の沸点の差を利用して，成分を分離する操作のことで，焼酎，ウイスキーなどの蒸留酒の製造，脂溶性成分（脂溶性ビタミン，モノグリセリドなど）の分離などで行われる．抽出は目的とする成分を固体や液体から水や溶媒によって溶かし出す操作のことで，緑茶，紅茶，コーヒーなどの飲料の製造，てんさいからの糖分抽出，大豆などの種子からの油脂抽出などがある．

（c）吸着

活性炭などの吸着剤を用いて特定の成分を分離する操作のことで，脱臭，脱色，脱塩など油脂，水などの精製のために行われることが多い．

（5）ろ過

ろ過は，ろ布やろ過膜などの細孔の大きさによって物質を篩い分けして異なった粒子サイズ（分子サイズ）の成分を分離する操作であり，近年，機能性ろ過膜の開発が進み，精密ろ過法，限外ろ過法，ナノろ過法，逆浸透法，電気透析法の新しい膜処理技術が食品に応用されている（表7.1）．

（a）粒子ろ過法

ろ布やケイソウ土，セラミック層を用いて固形物と液体とを分離するもので，木綿豆腐やしょうゆの製造にはろ布を用いる．

（b）精密ろ過法

粒径が 0.1〜数 μm 以上の微生物，コロイド粒子を除くことができる．加熱しなくても微生物を排除することができるため，精密ろ過法で除菌した製品（生ビール，しょうゆ，ミネラル水など）は香気，呈味成分，色調などの変化が少なく生の風味を保持する．

表 7.1　各種膜技術の特徴と代表的実用化例

ろ過法	分画分子量・分離粒径	ろ材	用途	代表的実用化例
精密ろ過	粒径0.1～数μm	精密ろ過膜 ・高分子膜 ・セラミック膜 ・金属膜	・微生物，微粒子の分離 ・エマルションの形成	・生ビールの製造 ・ミネラル水の除菌 ・しょうゆの除菌・清澄化 ・低脂肪マーガリンの製造(エマルション形成)
限外ろ過	分子量数1,000～数10万	限外ろ過膜 ・高分子膜 ・セラミック膜 ・金属膜 ・ダイナミック膜	分子量の大きさによる高分子量成分の分離	・各種酵素の精製 ・各種ジュースの清澄化 ・チーズホエーのたんぱく濃縮 ・加工でんぷんの製造 ・蜂蜜の精製
ナノろ過	分子量100前後～数1,000	ナノろ過膜 ・高分子膜 ・ダイナミック膜 (金属コロイド膜)	分子量の大きさあるいは荷電による低分子量成分の分離	・チーズホエーの濃縮と脱塩 ・しょうゆの脱色 ・オリゴ糖の分画 ・アミノ酸調味液の濃縮と脱塩
逆浸透	水(溶媒)の分離	逆浸透膜 ・高分子膜	溶媒(主として水)と溶質との分離	・トマトなど各種ジュースの濃縮 ・チーズホエーの濃縮 ・卵白の濃縮 ・海水の淡水化
電気透析	電解質 主として塩類	イオン交換膜 ・高分子膜	電解質(塩や酸)の分離	・育児用粉乳の製造(牛乳・ホエーからの脱塩) ・減塩しょうゆの製造 ・食塩の製造(海水中のNaClの濃縮)

大矢晴彦，渡辺敦夫，「食品膜技術―膜技術利用の手引き―」，光琳(1999)，p.1より一部改変．

(c) 限外ろ過法，ナノろ過法

限外ろ過法は精密ろ過法よりもさらに小さな分子(数千～数十万)の物質であるたんぱく質，多糖類などを除くことができ，膜の孔径によって通過できる分子量が異なる．果汁や清酒の清澄化，牛乳ホエーからのたんぱく質の分離などに用いられている．

ナノろ過法は限外ろ過法よりもさらに小さな分子(百～数千)の物質を分離することができ，オリゴ糖の分画などに用いられている．

(d) 逆浸透法

水しか通さない小さな孔径をもつ膜を用いて，溶液の浸透圧以上の圧力をかけて通常の浸透圧方向とは逆の方向に水を通過させて溶液を濃縮させる方法である．果汁やチーズホエーの濃縮などに用いられている．

(e) 電気透析法

陽イオンのみ通過できる膜や陰イオンのみ通過できる膜を用いて電圧をかけると，溶液中のイオンが選択的に移動する．電気透析法は，溶液の脱塩や塩の濃縮ができることから，育児用粉乳の調製のための乳ホエーの脱塩，減塩しょうゆの製造，海水からの食塩の製造に用いられている．

(6) 濃縮

濃縮操作は，水の蒸発による食品成分の濃度を高めることが一般的である．

乾燥のための前処理，濃縮による新たな食品製造（ジャム，あんなど），軽量化による輸送コストの低減などが目的である．

（7）乾燥，加熱

食品や原材料から水を除く操作で，凍結乾燥など以外は加熱による乾燥である．乾燥の目的は，水分活性を低下（自由水の除去）させて食品の保存性を高めること，重量を減らして輸送・貯蔵のコストを下げること，乾燥インスタント食品（インスタントラーメンなど）のように簡便性を与えること，原材料とは異なる新しい食品（するめ，レーズンなど）をつくること，などがある．各種食品に用いられている乾燥法を図7.1に示した．

（a）自然乾燥（天日乾燥，陰干し乾燥）

自然の太陽熱や風を利用して乾燥させる方法で経済的であるが，天候に左右されるため，品質の管理が難しく，人工乾燥法で代用されることが多い．自然乾燥食品には干しぶどう，干しがき，干ししいたけ，切り干し大根，かんぴょう，干魚類，などがある．

（b）加圧乾燥（爆発乾燥，膨化乾燥）

米，麦，豆などの水分含量の少ない食品を加熱加圧した環境から急に常圧の環境に噴出させると，瞬間的に水分が気化し同時に組織の膨化が起こる．穀類膨張機にてつくられるぽん菓子（ばくだんあられ），でんぷんを主成分とするスナック菓子などがある．

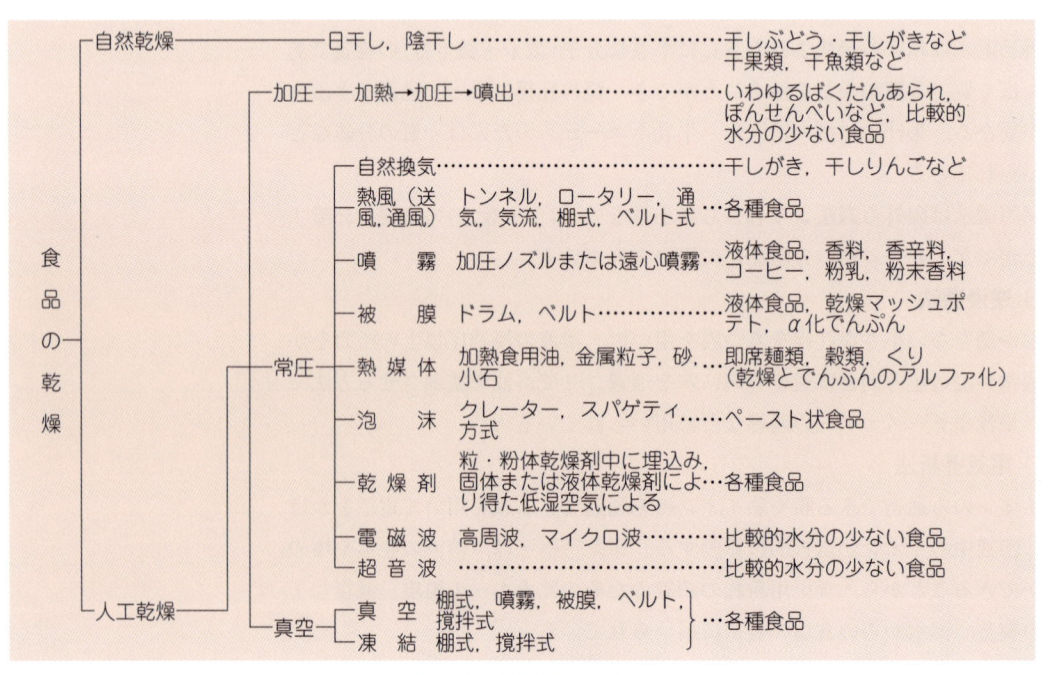

分類		方式	詳細	適用食品
食品の乾燥	自然乾燥	日干し，陰干し		干しぶどう・干しがきなど 干果類，干魚類など
	人工乾燥	加圧	加熱→加圧→噴出	いわゆるばくだんあられ，ぽんせんべいなど，比較的水分の少ない食品
		常圧 自然換気		干しがき，干しりんごなど
		熱風（送風，通風）	トンネル，ロータリー，通気，気流，棚式，ベルト式	各種食品
		噴霧	加圧ノズルまたは遠心噴霧	液体食品，香料，香辛料，コーヒー，粉乳，粉末香料
		被膜	ドラム，ベルト	液体食品，乾燥マッシュポテト，α化でんぷん
		熱媒体	加熱食用油，金属粒子，砂，小石	即席麺類，穀類，くり（乾燥とでんぷんのアルファ化）
		泡沫	クレーター，スパゲティ方式	ペースト状食品
		乾燥剤	粒・粉体乾燥剤中に埋込み，固体または液体乾燥剤により得た低湿空気による	各種食品
		電磁波	高周波，マイクロ波	比較的水分の少ない食品
		超音波		比較的水分の少ない食品
		真空 真空	棚式，噴霧，被膜，ベルト，撹拌式	各種食品
		真空 凍結	棚式，撹拌式	

図7.1　食品の乾燥法

木村進,「乾燥食品事典」, 朝倉書店(1984), p.8.

近年では，加熱，加圧，膨化に加えて混捏と成型能力を備えたエクストルーダーを用いて製造された膨化スナック菓子，大豆たんぱく質の組織化（大豆から揚げ），ペットフードなどがある．

（c）熱風乾燥（送風乾燥，通風乾燥）
加熱空気を送風することにより食品中の水を蒸発させる方法で，箱型棚式乾燥機，トンネル式乾燥機，流動層乾燥機などがあり，食品に適した乾燥機を用いる．

熱風乾燥は各種食品に適用される．

（d）噴霧乾燥
液状の食品を高温気流中に噴霧微粒化して，瞬間的に乾燥する方法である．乾燥品の成分変化が少なく，溶解性・分散性に優れるなどの特徴をもつため，液状食品の乾燥に広く用いられている．

噴霧乾燥食品には粉乳，インスタントコーヒー，インスタント紅茶などがある．

（e）被膜乾燥
液体，ペースト状，半固形状のものを加熱したドラム表面に薄膜状に付着させ，ドラムの回転に伴って乾燥させる方法である．乾燥物は後処理の方法によって，粉末状，フレーク状，フィルム状にすることができる．

被膜乾燥食品には乾燥マッシュポテト，α化デンプン，乾燥ベビーフードなどがある．

（f）泡沫乾燥
泡沫化した液状食品を多孔板の下部あるいは上部から熱風を送って乾燥させる方法である．泡沫化は液状食品を濃縮するか，起泡剤を添加して高圧ガスと激しく混合することで行う．泡沫の形成により乾燥表面積が大きくなり，乾燥が速くなる．

泡沫乾燥食品には粉末トマトジュース，粉末リンゴジュースなどがある．

（g）真空乾燥
真空（凍結乾燥の場合より真空度は低い）にした密閉容器に食品を入れ，30～50℃の温度で乾燥する．真空乾燥食品にはインスタントコーヒー，粉末スープ類，粉末エキス類などがある．

（h）凍結乾燥
凍結した食品を真空状態で水分の昇華により乾燥させる方法である．高度に真空状態を保つ必要があるため，乾燥経費は高くつくが，乾燥による成分変化が少なく，復元性に優れている．

凍結乾燥食品にはインスタントコーヒー，即席めんの具材などがある．

（8）冷凍
冷凍食品，調理冷凍食品，凍結乾燥食品，凍り豆腐および寒天の製造などに冷凍操作が用いられる．また，粉砕・濃縮操作による香味，栄養成分などの劣

> **エクストルーダー**
> エクストルーダー（押し出し成形機）で食品を加工することをエクストルージョンクッキングという．粉砕した粒状，粉状の原料と水をエクストルーダーに投入して，熱，圧力を段階的にかけて吐出口から押し出すという工程で製品をつくる．スナック菓子，シリアル，パン，麺類などが製造されている．

化を防ぐために，香辛料や健康食品などの微粉砕に凍結粉砕法，コーヒー抽出液やミルクなどの濃縮に凍結濃縮法が用いられている．

7.2　化学的加工

化学的加工は，化学反応や成分間相互作用を利用して，食品成分の化学的あるいは物理的変化により食品の加工を行う操作で，加水分解反応，還元反応，コロイド的変化などがある．

（1）加水分解反応

でんぷんの酸加水分解による水あめやグルコースの生成，みかんシラップ漬製造でのじょうのう膜の酸・アルカリによる除去(ペクチン質の可溶化)の例がある．

（2）還元反応

不飽和脂肪酸(油脂)への水素添加(還元反応)による硬化油の製造，グルコースやマルトースなどの糖の高圧還元による糖アルコールの製造，乾燥野菜・乾燥果実の漂白のための硫黄燻蒸などの例がある．

（3）コロイド的変化

豆腐は豆乳に凝固剤(マグネシウム塩など)を添加，こんにゃくはこんにゃくいも(粉)に石灰乳(水酸化カルシウム)を添加し加熱するとゲル化して固形状となる．

（4）その他の化学的加工による変化

アルカリ処理の加工への利用例として，ピータンの製造がある．アヒル卵あるいは鶏卵にアルカリを含む泥を塗り，数か月保存すると卵たんぱく質のアルカリ変性によりゲル化し，さらに独特の香味が生成する．

ハム・ソーセージ製造時の塩漬剤に用いられる亜硝酸塩は肉色素ミオグロビンをニトロソミオグロビンへと変え，肉の色調を安定化させる．

パンやクッキーなどの焙焼時に，アミノ・カルボニル反応による着色物質の生成やストレッカー分解反応による好ましい香気成分の生成が起こる．

7.3　生物的加工

生物的加工は，微生物または酵素を利用して食品の成分を変化させて，新たな加工素材や食品をつくる操作である．微生物の利用による加工は，微生物が分泌する酵素の反応により行うので，生物的加工とは酵素反応の利用である．発酵食品は細菌，酵母，カビの微生物をそれぞれ単独あるいは複数の組合せでつくられたものである．食品加工における微生物の利用例を表7.2に示した．

酵素反応の特徴は温和な条件で特定の反応を選択的に行えることで，酵素の食品加工への利用は広く行われている(表7.3)．その反応法には，酵素製剤を直接用いる方法だけでなく，酵素を固定化して連続的に反応を進める方法がある．

表7.2 食品における微生物の利用

食品	微生物
清酒	カビ, 細菌, 酵母
ビール, ワイン, ウィスキー	酵母
みそ, しょうゆ	カビ, 細菌, 酵母
食酢(米酢)	カビ, 細菌, 酵母
パン	酵母
漬物	細菌, 酵母
チーズ	細菌, カビ
ヨーグルト	細菌
納豆	細菌
アミノ酸(グルタミン酸, リシン)	細菌
核酸(イノシン酸, グアニル酸)	酵母, 放線菌, カビ, 細菌
アルコール	酵母
有機酸(クエン酸, 乳酸, 酢酸)	カビ, 細菌
ビタミン(B_2, B_{12}, C)	カビ, 放線菌, 細菌
酵素(アミラーゼ, プロテアーゼ)	カビ, 細菌, 酵母, 放線菌
有用微生物	キノコ, 単細胞藻類, 酵母

熊谷英彦, 「食品微生物学」, 培風館(1980), p.35.

表7.3 食品における酵素の利用

食品	酵素(起源)	作用	効果
パン	α-アミラーゼ(カビ)	でんぷんの分解	パン生地粘度の調節, 発酵の促進, 生地体積の増加, 鮮度・軟らかさの保持
	プロテアーゼ(カビ, 細菌)	小麦グルテンの分解	パン生地伸展性の増強, 混捏時間の減少, 生地体積の増加, 焼き上がり色調の改善
ビール	パパイン(パパイア), プロテアーゼ(カビ, 細菌)	たんぱく質の分解	ビール中の冷却凝固物の沈殿防止
	β-グルカナーゼ(カビ, 細菌)	β-グルカンの分解	麦芽由来β-グルカンの分解によるろ過の目詰まりの防止
清酒	アミラーゼ(カビ)	でんぷんの分解	蒸米の糖化とエキスの増加
	プロテアーゼ(カビ, 細菌)	たんぱく質の凝集	沈殿の促進
みそ	プロテアーゼ(カビ, 細菌)	たんぱく質の分解	大豆たんぱく質の分解促進
しょうゆ	プロテアーゼ(カビ, 細菌)	たんぱく質の分解	速醸
チーズ	レンニン(子牛胃, カビ)	カゼインの部分分解	カードの生成
	リパーゼ(カビ, 膵臓)	脂質の分解	脂肪酸生成によるフレーバーの改良
果汁	ペクチナーゼ(カビ)	ペクチンの分解	混濁物質ペクチンの分解, 搾汁効果の増強, 果皮分解物の除去
	ナリンギナーゼ(カビ)	ナリンギンの分解	柑橘類苦味成分の分解
	ヘスペリジナーゼ(カビ)	ヘスペリジンの分解	みかん缶詰の白濁原因物質の分解
果糖濃縮液	グルコースイソメラーゼ(放線菌)	グルコースの異性化	ブドウ糖果糖液糖の製造, 果糖の製造
転化糖	インベルターゼ(酵母)	ショ糖の分解	転化糖の製造, ショ糖の晶析防止
アイスクリーム	ラクターゼ(酵母)	乳糖の分解	乳糖の晶析防止, 牛乳の乳糖分解
肉	パパイン(パパイア), プロテアーゼ(カビ, 細菌)	たんぱく質の分解	調理前または缶詰前の肉の軟化, 自己消化の促進

河合弘康, 「食生活と加工食品」, 朝倉書店, (1989), p.51.

練習問題

次の文を読み，正しいものには○，誤っているものには×をつけなさい．

(1) 大豆種子を圧搾して大豆中の油を分離する．

(2) 精密ろ過法は液体食品の除菌に利用される場合がある．

(3) 逆浸透法で用いる膜の孔径は，限外ろ過法で用いる膜の孔径より大きい．

重要☞ (4) みかんシラップ漬缶詰の白濁防止にナリンギナーゼが使用される．

重要☞ (5) みかんシラップ漬缶詰の製造において，じょうのう膜を酸とアルカリで除去する．

重要☞ (6) 米酢の製造に利用される微生物は酵母と細菌のみである．

重要☞ (7) インベルターゼはブドウ糖果糖液糖の製造に利用される．

8 食品の保存法

8.1 水分活性の低下と浸透圧による保存

(1) 水分活性とは

どの食品にも水分はある程度含まれており，食品の貯蔵性はその水分含量に大きく影響を受け，腐敗や変質を示すことになる．保存を要する食品では，水分含量を低下させることが必要であり，一方，生鮮食品やパンでは食味保持のために水分含量を一定範囲内に保たなければならない．

食品中の水分は，結合水と自由水に大別される．加熱すると，すべての水は蒸発するが，室温状態では，水には食品成分と硬く結合している水(結合水)とそうでない自由水がある．食品成分(たんぱく質，でんぷん質など)と水素結合で結合している場合が結合水である．これらのうち腐敗，変質と関係のあるのは自由水であり，食品貯蔵の上からも全水分のうちで自由水の占める比率(水分活性，A_W)を知ることは重要である．

水分活性は，$A_W = P/P_0$ (P はその食品の示す水蒸気圧，P_0 は同一条件下での水の示す水蒸気圧)で示され，$A_W \times 100 =$ 相対湿度 となる．自由水が多ければ A_W は高くなり，少なければ低くなる．

図8.1に示しているのは食品の等温吸湿脱湿曲線である．食品を水分含量0%にして，各相対湿度下にその食品を放置したときに示す食品の A_W 値と水分含量との関係である．食品は湿気る状態にある．逆に食品中に水分が十分に存在する場合(相対質度100%，A_W 1.0)，相対湿度の低い状態に放置されたとき，食品は脱湿曲線にそって水分含量は低下し，ひからびる．脱湿曲線と吸湿曲線とは一致しない．

ここで2点の変曲点を示し，3つの範囲(A, B, C)を示した．Aは単層水分域の水，Bは多層水分域の水，Cは毛管凝縮域の水とよばれ，A, Bは結合水，Cは自由水である．単層水分域の水とは直接水分子が食品組織に結合している水で，多層水分域とはその単層水分域の上にさらに層として水が結合しているところである．毛管凝縮域の水とは，食品組織の空洞などに露として存在しているような水で，簡単に蒸発や移動する水である．

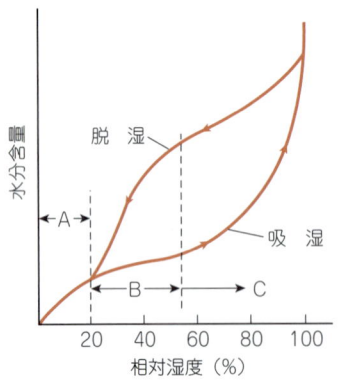

図8.1 食品の等温吸湿脱湿曲線
並木満夫, 松下雪郎 編,「食品成分の相互作用」, 講談社(1980), p.238.

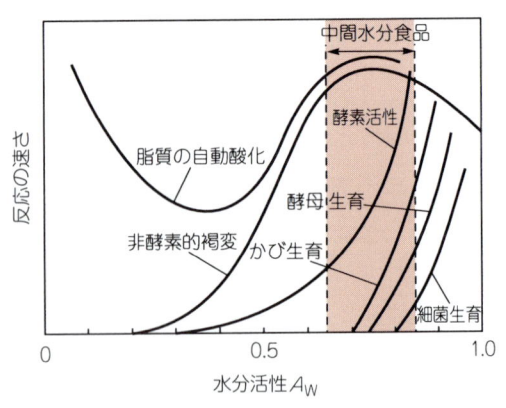

図8.2 食品の変性要因と水分活性
森田潤司, 成田宏史 編,「食品学総論(第2版)」,〈新 食品・栄養科学シリーズ〉, 化学同人(2012), p.21.

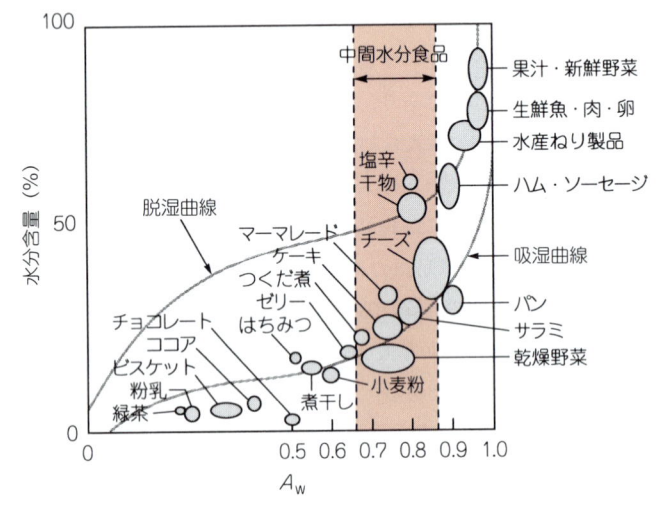

図8.3 食品の示す水分活性(A_W)と水分含量(%)および中間水分食品
森田潤司, 成田宏史 編,「食品学総論(第2版)」,〈新 食品・栄養科学シリーズ〉, 化学同人(2012), p.20より一部改変.

　このように食品中の水分含量と A_W, すなわち自由水の関係は必ずしも直線関係ではなく, S字曲線を示す. 水分活性(A_W)と食品のさまざまな変性要因との関係を図8.2に示す.

　各食品は高水分食品(A_W 0.85以上), 低水分食品(A_W 0.2以下)に分類される(図8.3). ジャム, ママレードのように傷みにくく, 保存がきき, 加熱も必要なく, 食べやすい食品は A_W 0.65〜0.85, 水分含量20〜40%の間にあり, とくに中間水分食品という.

(2) 乾燥, 濃縮

(a) 乾燥

食品の乾燥は, 基本的な食品の加工方法の一つであるが, その主目的は腐敗

しやすい生鮮食品の水分を取り除き，食品に保存性を与えることである．乾燥方法はこれまでの加熱乾燥法以外，真空乾燥，噴霧乾燥，マイクロ波乾燥，泡沫(フォームマット)乾燥，凍結乾燥などの新しい乾燥方法が開発されてきている．

食品の乾燥には，具体的に次の三つの目的がある．

① 食品を乾燥して，その品質劣化の防止を行い，包装，ハンドリング，貯蔵，輸送などのコストを下げる．
② 乾燥により，その食品に新しいテクスチャーを与える．たとえば，するめ，ビーフジャーキー，干しがき，かんぴょう，切り干しだいこんなどがある．
③ 乾燥により加工しやすい形態にする．たとえば，カップラーメン中の乾燥食品，乾燥スープ，ケーキミックス中の粉卵，粉乳，インスタントスープ中の天然調味料粉末，離乳食の乾燥果汁，粉乳などがある．

表8.1に食品の乾燥方法とその乾燥食品を示す(図7.1参照)．

(b) 濃縮

食品の濃縮とは，水分含量の高い液状食品の水分を蒸発させ，可溶性，不溶性固形物の濃度をあげる操作である．食品の容積の縮小化，あるいは輸送効率の向上もその目的の一つである．ほかに可溶性成分の濃縮による貯蔵性の向上という目的もある．濃縮の方法には，蒸発濃縮，凍結濃縮，さらに半透膜を介して水だけを除く逆浸透圧濃縮の方法がある．

100℃では食品成分の熱変性や各成分間の相互作用が生じること，さらに揮発性成分の散逸が起こることなど濃縮中の品質低下が大きいため，減圧下での低温沸騰蒸発による真空濃縮が一般的である．凍結濃縮は0℃以下で行うので，成分の変化の少ない濃縮物が得られるが，効率面，コスト面で問題がある．ジャムや，あんのように濃縮により天然のものと異なった風味，物性が得られるものもある(真空釜で行う)．食塩，精製糖，濃縮牛乳，濃縮果汁，水あめなどは，こうしてつくられている．

濃縮牛乳は，全乳，あるいは脱脂乳を濃縮装置(エバポレーター)により1/2～1/4容まで濃縮したもので，水を加えれば，濃縮乳は元にもどるので還元牛乳ともいわれ，アイスクリームなどの原料に用いられる．全脂濃縮乳，濃縮脱脂乳，低乳糖濃縮乳，育児用強化濃縮乳などもあるが，ほとんどは全脂濃縮乳である．

(3) 塩漬け，砂糖漬け

(a) 塩漬け(塩蔵)，塩蔵品

食塩の脱水防腐作用を用いた貯蔵法である．塩蔵法には，魚に塩を散布するふり塩漬け法と食塩水に魚を浸漬する立て塩漬け法がある．ふり塩漬け法では魚の表面に付着した塩は表面の水にしだいに溶けて飽和状態になり，浸透圧作用により細胞内部の水分を奪う．この方法は塩焼け，油焼けを起こしやすい．立て塩漬け法では食塩の浸透が均一に進み，食品の外観はきれいに仕上がり，

空気との接触が少なく脂質は酸化しにくい．

　食塩による食品貯蔵性の向上は，おもにその脱水作用によるが，食塩添加で得られる水分活性は 0.75 が限界であり，特殊な好塩菌やかび，酵母などの発育を完全には阻止できない．しかし食塩には塩素イオンの細菌に対する阻害作用，溶存酸素減少による好気性菌の発育阻止，細菌のプロテアーゼ活性の抑制，高い浸透圧による細菌原形質の破壊などの効果もある．

　魚介類や海藻類の塩蔵品には，いくら，すじこ，たらこ，かずのこ，キャビア，塩ざけ(新巻など)，塩ます，塩さば，塩いわし，塩にしん，塩あわび，塩いか，塩くらげ，塩わかめ，塩もずくなどがある．

（b）砂糖漬け

　果実や野菜類を糖液で煮て，組織の中に糖分を十分に染み込ませた(キャンディング)後，さらに表面に砂糖の衣をつけて乾燥し，仕上げたものをいう．果物ではりんご，もも，なし，あんず，黄桃，いちじく，かんきつ類の果皮，くりなど，野菜ではふき，しょうが，れんこんなどがある．豆(甘納豆)，あんず，ぶんたん，ふき，しょうが，くり(甘露煮)などの砂糖漬け菓子は古くから茶菓子や日本料理に用いられている．ヨーロッパではマロングラッセが有名である．また甘露煮にはふな，はぜ，きす，うぐいなどの魚類が用いられる．

8.2　pH 低下による保存

（1）pH と食品の保存

　食品の低塩化は，われわれの健康にとって重要な関心事である．食品の加工，貯蔵にもこの低塩化は強い影響を及ぼし，とくに低塩化したときの腐敗防止対策は重要な課題となってきた．その一つとして，微生物に対して生育阻止作用をもつ各種有機酸の利用がある．有機酸の抗菌作用により，酢酸や乳酸を多量に含有する醸造物や発酵食品は，その保存性が高められる．

　有機酸類の抗菌作用は非解離型分子濃度に依存するため，解離度の低い酢酸やアジピン酸類は強力な抗菌力を示す．有機酸の抗菌作用は非解離型分子が細胞内に侵入し，細胞内原形質たんぱく質の変性，エネルギー代謝阻害，アミノ酸取り込み阻害，細胞内 pH の低下などによることが推察されている．酢酸は有機酸類の中で最も抗菌力が強く，食品の保存に広く利用され，低塩化に伴う抗菌力の低下を補っている．有機酸類の抗菌力を比較すると，酢酸＞コハク酸，乳酸＞リンゴ酸＞酒石酸，クエン酸の順になる．

　図 8.4 に，各種有機酸が微生物生育におよぼす影響を示した．

（2）酢漬け

　野菜，果実，魚介などを酢で漬けたものと，薄塩で塩漬けし，乳酸発酵させたものを酢漬けと総称している．いわし，小だい，あさりなどの粟漬け，いわし，小だい，小さばの卯の花漬け，小魚の南蛮漬け，らっきょう漬け，はりはり漬け，千枚漬け，ピクルス，サワークラウトなどがある．

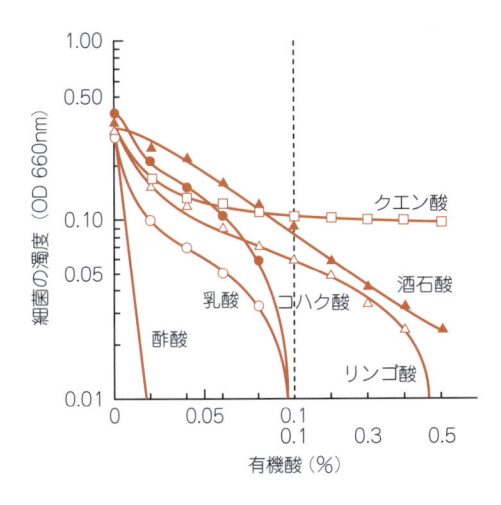

図 8.4 微生物の生育に与える有機酸の影響

8.3 低温による保存

食品を低温状態で保存し，腐敗や鮮度劣化を防止することは，食品産業のみならず，各家庭でも日常的に行われている．食品保存における低温の役割は，微生物の増殖や青果物（生の野菜と果物）の呼吸量，および食品成分の化学的変化（酵素反応，酸化反応など）を抑制することである．現在，低温を利用した食品の保存法は，保存温度帯や凍結の有無により，凍結法，半凍結法，冷蔵法に分類されている．

（1）食品保存における低温の役割

（a）低温による微生物の増殖抑制

細菌類は，その至適生育温度によって，一般に高温性細菌，中温性細菌，低温性細菌に分類される．高温性細菌は至適生育温度が 50℃ 以上である特殊な細菌で，40℃ 以下では生育しにくい．缶詰やびん詰食品における品質低下の原因菌である．細菌のほとんどは中温性細菌で，その至適生育温度は約 37℃ である．これらの細菌は 10℃ 以下では生育しにくい．低温性細菌は土壌中，海水中，魚介類に多く，その至適生育温度は約 20℃ で，食品中の水分がほとんど凍結されない限り，0℃ 以下でも徐々にではあるが生育する．

また，かび類，酵母類の至適生育温度はそれぞれ 20〜35℃，25〜32℃ である．これらの最低生育温度はかび類が 0℃ で，酵母類が 5℃ である．しかし，種類によっては 0℃ 以下でも生育するとの報告がある．通常，食品中に見いだされた微生物の最低生育温度は，酵母が −10℃，かびや細菌では −11℃ とされている．したがって，低温を利用した食品保存では，0℃ 以下でも生育できる微生物があることを認識することが大切である．

（b）低温による呼吸量の抑制

野菜や果物のような青果物は，収穫後も細胞が呼吸を続け，その成分変化が進んでいく．この変化は食品としての品質低下につながる．通常，温度が 10℃ 上昇すると青果物の呼吸は 2〜3 倍に増加する（温度係数 = 2〜3）．したが

温度係数
Q_{10} とも表され，10℃ の温度上昇で呼吸や反応速度が何倍になるかを示す．

って，青果物の低温保存では，品温を 10℃ 下げると呼吸量を 1/2 ～ 1/3 に抑制することが可能である．これは，青果物の品質低下がすべて呼吸作用に起因すると仮定すると，保存期間が 2 ～ 3 倍延びることを意味する．

このように，青果物の保存では低温による呼吸作用の抑制が効果的であるが，種類によっては，品温を一定の温度以下に下げると，低温障害(生理的障害)や凍結障害(物理的障害)をきたす青果物があるので注意を要する．

青果物の低温障害温度と症状
じゃがいも(4.4℃ 以下で褐変や甘化)，さつまいも(13.8℃ 以下で内部変色やくされ)，バナナ(13℃ 以下で皮の黒変や追熟不良)などが有名．

（c）低温による化学反応の抑制

食品の品質低下を起こす化学反応としては，酵素反応と酸化反応がよく知られている．ポリフェノールオキシダーゼによるりんごの褐変や，プロテアーゼによる魚肉や畜肉の自己消化，リパーゼによる脂質の加水分解などが酵素反応である．

また食品中の酸化反応では，油脂やビタミンCの自動酸化が品質低下の原因となる．とくに，食品中の脂質がリパーゼにより加水分解されて生じる遊離脂肪酸は酸化されやすく，脂質過酸化物による異臭が出たり，摂取した場合は腹痛の原因にもなる．これら化学反応の温度係数は 2 ～ 3 であり，温度が 10℃ 低下すると反応速度が約 1/2 ～ 1/3 に低下する．したがって，これらの化学反応を食品の低温保存で抑制することが可能であるが，リパーゼの作用や脂質の自動酸化は −10℃ 付近でも無視できず，−20℃ 付近でも徐々にではあるが進むといわれている．

（2）凍結法

（a）冷凍と食品の氷結点

食品を凍結し，その状態のまま貯蔵することを冷凍という．食品を冷凍すると，まず品温が低下し，次いで水溶液部分に氷結晶が生じ，最終的に凍結する．このとき，食品中にはじめて氷結晶が生じる温度を氷結点という．純水の氷結点は 0℃ であるが，食品の水は自由水と結合水があり，それらの割合により氷結点が異なる(図 8.5)．食品の品温を下げていくと，氷結点で自由水が氷結しはじめ，次いで氷結の割合が増加し徐々に硬くなる．

（b）最大氷結晶生成帯

食品中の全水量に対して，氷結した水量の占める割合(重量比)を氷結率という．多くの生鮮食品の氷結点は −1℃ で，−5℃ で氷結率は約 80 % に達し，硬度が増し物理的に凍結した状態となる．この温度範囲を最大氷結晶生成帯という(図 8.5)．食品中の氷結晶は，この温度範囲を速く通過させれば小さく，ゆっくり通過させると大きく成長する．一般的に，氷結晶が大きくなると，食品の組織に障害を与え品質低下の原因となる．したがって，食品の凍結では，急速凍結で最大氷結晶生成帯を速やかに通過させ，微細な氷結晶を均質に形成させることが重要である．

（c）冷凍食品

冷凍食品の定義はさまざまな機関で行われているが，日本冷凍食品協会の定

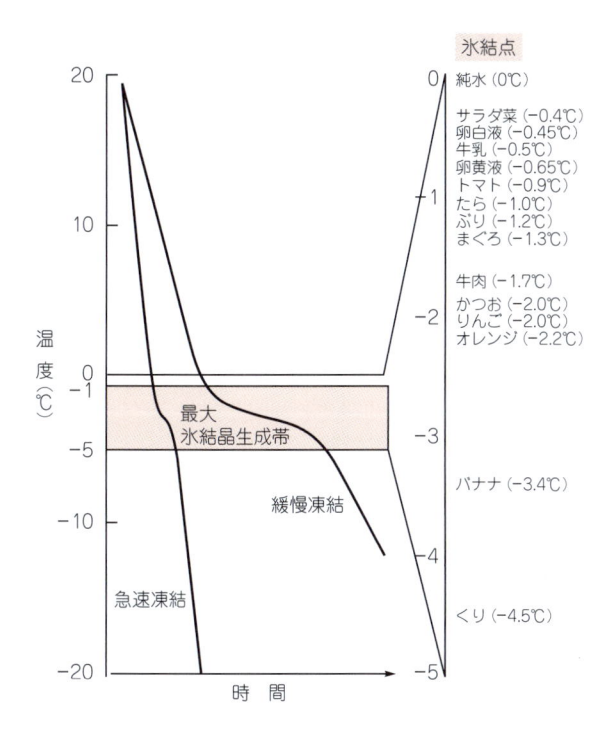

図 8.5 食品の氷結点と冷凍曲線

義「前処理を施し,急速凍結を行って −18℃ 以下の凍結状態で保持した包装食品」が一般的に用いられている.ここでの包装食品とは最終消費者の手に渡るまで,そのままの姿であることを予定して包装した食品(コンシューマーパック)である.したがって,急速冷凍して,その状態で食品素材あるいは原料として流通される,冷凍魚,冷凍肉,冷凍液卵は「冷凍品」であって冷凍食品とはいえない.

冷凍食品は,−18℃ 以下で凍結,貯蔵,輸送,配送,小売りされるので,調理直前まで鮮度と栄養性が長期間保持されるという特徴がある.したがって,大量に収穫される(一般的に安価である)鮮度の良い食材を加工できるため,冷凍食品の価格は安定している.また,前処理により不要な部分が除去されているために食品のロスが少なく,調理に手間もかからない.さらに,保存料を添加しなくても腐敗や食中毒の心配がない.

冷凍食品の種類は,水産物,農産物,畜産物,調理ずみ食品,菓子類など多くあり,それぞれの原料の特性により,ブランチング(p.18 参照),グレーズ処理,IQF など特徴的な処理法や加工法が応用されている.

(d) 解凍

解凍は凍結状態の食品に熱を加え氷結晶を溶かすことである.冷凍食品は使用直前に解凍する.解凍の要点はドリップ(解凍時に分離流出する液汁)を最小限にすること,すなわち,食品中の液成分をできるだけ多く食品組織に保持させることである.解凍方法は温風や温水を用いる外部加熱方法,電子レンジを

グレーズ処理

冷凍貯蔵中に起こる食品表面の脂質酸化(油やけ)を抑制するため,脂質の多い魚,豚肉などに対しては,その表面を空気と遮断させる目的で0.2〜1.0mmの氷膜(グレーズ)で覆う処理が行われる.静水グレーズや海水グレーズ,および糊料(カルボキシメチルセルロース,プロピレングリコール)グレーズがある.

IQF(Individual Quick Freeze)

小単位の食品(えび,米飯,フライ用ポテトなど)をばらばらに急速凍結させる技術.通常のブロック凍結に比べて,凍結速度が速いので品質の劣化が少なく,また使用時には必要量だけ解凍できる利点もある.

用いる内部加熱方法などがある．また，調理冷凍食品の場合は食品を食べごろの温度まで加熱するため，オーブン，スチーマー，フライヤー，電子レンジなどが利用されている．

（3）半凍結法

半凍結法はパーシャルフリージング（pertial freezing）ともよばれ，食品を$-2 \sim -5$℃の半凍結状態で貯蔵する方法である．とくに，$-1 \sim -2$℃付近の半凍結状態で魚肉や畜肉を保存するとたんぱく質の変性が少なく，鮮度や風味の保持効果が高い（保持期間は2～3週間）．また魚肉や畜肉に多い低温性細菌の増殖を遅らせる効果も大きい．

（4）冷蔵法（非凍結）

（a）冷蔵と冷蔵食品

食品を冷却した庫内（0～10℃）で凍結させることなく（非凍結）貯蔵することを冷蔵という．冷蔵食品としては，魚介類，果実，野菜，食肉，鶏卵などがあげられる．冷蔵は常温保存と比較して，食品の品質低下を抑制できるが，低温性細菌や青果物の呼吸，脂質の酸化，食品中の酵素反応を完全には防止できず，日時の経過とともに品質の低下が進むので，長期の保存には向かない．冷蔵による保存可能期間のめやすは食品の種類や冷蔵温度によって異なるが，青果物の冷蔵（0～10℃）で1週間から1か月程度，食肉類の冷蔵（0～1℃）では，鶏肉7～10日，豚肉3～7週，牛肉1～6週である．しかし，冷蔵の利点としては，凍結しないため食品組織の破壊がなく品質の低下が起こらない点，解凍操作を必要としない点などがあげられる．

（b）チルド食品

チルド（chilled）の由来は，チルド牛肉（$-1 \sim 1$℃保存の牛肉）である．現在，チルド温度帯は$-1 \sim 1$℃，$-2 \sim 2$℃，$-5 \sim 5$℃，$-5 \sim 15$℃など，さまざまな定義があり確定されていない．しかし，その基本的特徴は，食品を凍結させることなく，氷結点に近い低温で，冷蔵よりも長期間鮮度保持できる点である．とくに，食肉や魚肉およびそれらの加工品，乳製品，デザートなどの高水分系のチルド食品は，凍結による組織の変化もなく，風味よく保存することが可能で需要が高い．

（c）氷温貯蔵法

氷温貯蔵（controlled freezing storage）とは，食品を0℃からその氷結点までの温度帯で保存して，冷蔵よりも鮮度保持効果を高めた貯蔵法である．温度の制御は非常に難しいが，氷温貯蔵室を設けた冷蔵庫が開発されている．また，果実や野菜を糖溶液や塩溶液に浸漬し，意図的に食品の氷結点を低下させる氷温貯蔵法が実用化されつつある．

（5）コールドチェーン

生産から消費に至る各流通段階において，鮮度を重視する生鮮食品や青果物などを，低品温で品質を保持する流通システムである．最近では，凍結状態で

流通される食品(冷凍食品)の**コールドチェーン**(低温流通機構)はフリーザーチェーンとよばれている．

8.4 燻煙による保存
(1) 燻煙食品
現在，水産物(魚類，貝類)，畜産物(ハム・ベーコン・ソーセージ，チーズ)，農産物(だいこん)など，各種の燻煙食品が存在する．
(2) 食品の燻煙法
食品の燻煙法としては，表8.1のような方法が利用されている．
(3) 燻煙成分とその効果
(a) 燻煙成分
燻煙材としては，おもに広葉樹の堅木(カシ，ブナ，サクラ，カエデ，ヒッコリーなど)が用いられる．一般に針葉樹は樹脂が多く，ススや不快臭が出るので使用されない．燻煙では一定量の煙を長時間発生させることが重要で，この目的のために広葉樹のおがくずが利用されたり，また，最近では木粉を角材状に固めたスモークウッドも利用される．

現在，燻煙成分として，400種類以上の化合物が見いだされている．カシやサクラの燻煙中には，有機酸(酢酸，プロピオン酸，酪酸，ギ酸など)が最も多く，次いでカルボニル化合物(ホルムアルデヒドやアセトアルデヒドなど)，フェノール類(グリヤコール，フェノールなど)，アルコール類，炭化水素と続く．

(b) 燻煙の効果
食品に対する燻煙の効果は，保存性の向上，風味の付与，および色調変化(好ましい褐色化)である．燻煙成分中の有機酸やフェノール化合物は，多くの病原細菌や腐敗細菌に対して静菌および殺菌作用を示す．また，これらの燻煙成分は，食品の表面でたんぱく質と結合し被膜を形成する．この被膜は食品内部を細菌類の汚染から保護し，燻煙食品の保存性向上に寄与するといわれている．一方，風味付与効果は燻煙成分のフェノール類に由来する．一般的にフェノール系の化合物は燻煙独特のよい香りをもち，かつ魚や肉の臭みをマスクする効果がある．最後に色調の変化は，燻煙成分のカルボニル化合物と原料中のアミ

> **Plus One Point**
>
> **燻煙食品の歴史**
> 燻煙の歴史は古く，農業や牧畜の始まる(7000〜8000年前)以前から利用されていた．最初は原始時代で，洞窟内につるした肉がたき火の煙でいぶされ，人類がその変化(風味や保存性の向上)に気づき利用し始めたといわれている．イギリスにおいて，15世紀はじめ，すでに燻煙製品が工場生産されていた．日本には食肉が普及した明治維新以後に燻煙技術が導入された．
>
> **加熱殺菌ベーコン**
> 本来，ベーコンは乾燥と燻煙で製造され加熱は必要ない(非加熱食肉製品)．しかし近年は，より高い保存性が求められて加熱殺菌ベーコン(加熱食肉製品)が一般化している．

表8.1 燻煙方法の種類

燻煙方法	おもな目的	処理方法	製品の塩分と水分	おもな製品と特徴
冷燻法	貯蔵	15〜30℃，1〜3週間	8〜10%，40%以下	骨付きハム，生ハム，ドライソーセージ，スモークサーモン，ベーコン
温燻法	調味	50〜80℃，1〜12時間	2〜3%，50%以上	ベーコン，ボンレスハム，ロースハム，ソーセージ類(最も一般的な方法)
熱燻法	調味	120〜140℃，2〜4時間		ひめます，スペアリブ(たんぱく質が熱変性)
液燻法	調味	木酢液に浸漬して乾燥		日本で開発され，鯨ベーコンに利用された

ノ酸のアミノ・カルボニル反応(メイラード反応)による褐変であると考えられている．

8.5 滅菌，除菌，殺菌による保存
(1) 滅菌と除菌，殺菌
　すべての胞子や栄養細胞を完全に死滅させることを滅菌といい，限外ろ過膜などでこれらを除くことを除菌という．しかし，食品の加工中に滅菌しようとすると，高温・長時間を要するので，食品の品質が著しく低下して商品価値を失うことがある．一般に食品中では，存在するすべての微生物が発芽，生育することはなく，食品成分などの条件によって特定の菌だけが繁殖し，これが食品の変質や腐敗の原因となる．

　そこで，缶詰・びん詰などの食品加工時には，その食品に発育する可能性がある変敗原因菌だけを対象とした死滅処理，すなわち殺菌が行われる．これを商業的殺菌といい，流通・販売中は上述の変敗原因菌は生存していない状態なので，食品の変質や腐敗は起こらない．この状態は密封中は保持されているが，開封されると再び微生物に汚染され，腐敗する危険性があるため，開封後はできるだけ早く消費する必要がある．

(a) 殺菌法の種類
　食品の腐敗が微生物の繁殖によることは古くから知られており，食品の保存には，微生物による変敗を防ぐため殺菌を用いることが多い．

　一般に，微生物の殺菌方法には，加熱殺菌(一般食品に広く利用)，紫外線殺菌(水，空気などの殺菌に好適)，高周波殺菌(パンなどに有効)，ガス殺菌(食品には未許可，化粧品材料，医療器具などに適用)，放射線殺菌(パック詰めのいちご)，殺菌剤(工場内の殺菌，洗浄に利用)，ろ過除菌(ビール，ブドウ糖果糖液糖などに利用)がある．これらの方法のうち，食品の貯蔵，加工に用いられるのはほとんどが加熱殺菌で，ビールなどではミクロフィルターによるろ過除菌が用いられる．なお，加工食品のなかには無菌包装されているものがあるが，これは，おもに高温短時間殺菌した液状食品を，殺菌した包装材料で無菌的に包装したものである．

(b) 加熱殺菌
　加熱殺菌は，その温度により低温殺菌(100℃以下の殺菌)と高温殺菌(100℃以上の加圧殺菌)に大別される．低温殺菌は清酒，ビール，しょうゆ，ジュース類，果実缶詰などに用いられ，発明者パスツールの名にちなみパスツリゼーション(pasteurization)とよばれている．高温殺菌には，一般に高圧蒸気釜(レトルト)が用いられ，110～125℃で殺菌されることが多い．水産物，畜産物，野菜類の缶詰・びん詰の場合，ほとんどが高温殺菌されている．

(2) 缶詰食品, びん詰食品
(a) 缶詰食品
ⅰ) 低温殺菌

果実類などpH4.5以下の缶詰の殺菌には, 水槽型の連続式低温回転殺菌機(1～5rpm)が用いられ, みかんの缶詰などは82～83℃, 白桃などでは95～100℃で殺菌される. たけのこ, ふきの水煮の大型缶(9L缶, 18L缶)では, 原料のpHは6.2くらいであるが, 約2日間水漬後, 乳酸発酵させてからクエン酸などの添加を行って最終製品をpH4.5以下にするため, 100℃の殺菌が可能である.

ⅱ) 高温殺菌

野菜類, 水産物などには, ほとんど110～125℃の高温殺菌が行われている. 一般に, 横型の静置式レトルトが使用される(図8.6). 粘度の高い調理缶詰を製造する場合には, とくに熱水式回転殺菌機(1～30rpm)を使用することも多く, スイートコーン缶詰工場では, 連続式動揺殺菌機が使用されている.

(b) びん詰食品

ジャムなどがおもな例で, ほとんどが100℃以下の低温殺菌を行っている. くり甘露煮はpH5.5以上のものが多く, 糖度を50％以上, A_w(水分活性)を0.93以下にして100℃, 約60分の殺菌を行っている. そのほか, 裏ごし野菜などのベビーフードでは, 115℃以上の高温殺菌を必要とするものがあり, 一般に熱水中で加圧殺菌を行う必要があることから, 縦型のレトルトが使用される.

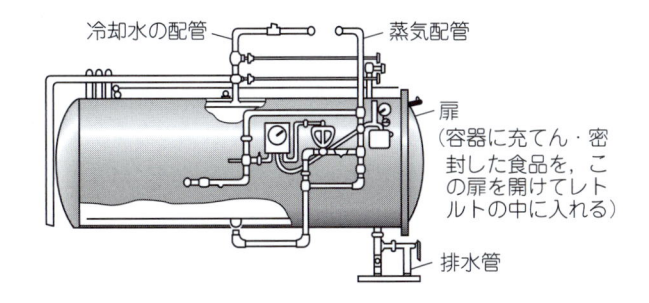

図8.6 横型の静置式レトルト(蒸気式)
森 光國,「レトルト食品特集号」, アジコレファレンス, 8, 10(1994)より改変.

(3) 袋詰食品

袋詰食品は, 空気の残存量が多い場合には加熱殺菌中に袋が破れたり, 熱伝導不良により殺菌不足が起こったりするため, できるだけ空気を除いて密封する必要がある. つくだ煮や漬けもの, 果実シラップ漬けなどでは低温殺菌が行われるが, カレーなどのように高温殺菌が必要なものも多く, 袋詰のレトルト殺菌では, アルミ製などの棚に一袋ずつ並べて行う必要がある.

袋詰のレトルト殺菌では, 加圧殺菌, 加圧冷却が必要である. 袋詰(とくにヒートシール部)は外圧に対しては抵抗性があるが, 内圧には比較的弱く, 殺菌加熱途中より殺菌終了までは蒸気・空気混合系で殺菌し, その後は空気圧のみで

加圧冷却を行う必要がある．図8.7にその工程図を示す．なお，レトルト食品は，気密性，耐熱性，ヒートシール性のあるラミネートフィルムを用いるため，製造の原理は缶詰に近く，携帯に便利である．

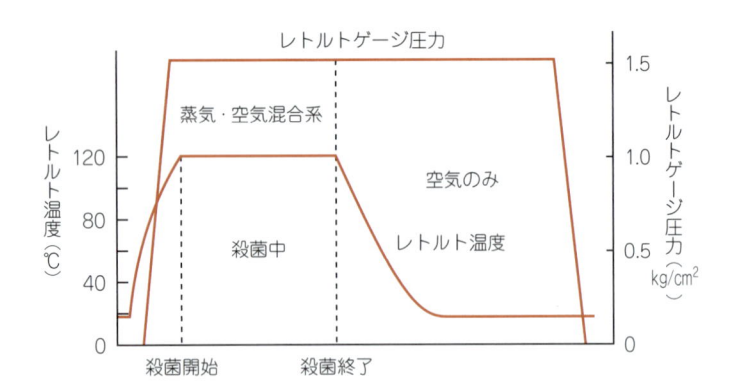

図8.7 加圧殺菌，加圧冷却の工程図
（120℃の蒸気圧は1.0kg/cm²）

8.6 食品照射による保存
（1）放射線

　放射線には，放射性同位元素から出るα線，β線，γ線のほかに中性子線，陽子線，電子線，X線などがあり，食品照射に用いられるものは，γ線とβ線（電子波）である．β線はγ線より透過性が弱いため，食品の深部よりむしろ表面照射に効果がある．放射線の食品保存への利用は，アメリカ，オランダ，カナダ，ロシアなどの各国で研究・開発され，実用化されているが，わが国では，1972年8月にじゃがいもの発芽抑制の目的での放射能利用が，厚生省（現厚生労働省）から認定されている．表8.2に線量別に見た食品の品質保持効果を示す．わが国で許可されているじゃがいもの場合，60～150Gyの照射線量で十分に発芽抑制ができ，常温で数か月間良好な状態での貯蔵が可能である．

　一方，放射線による殺菌は，食品の品温がほとんど上昇しないので冷殺菌とよばれ，畜肉，魚肉やその加工品および香辛料などで試みられている．食品や微生物に対する放射線の効果には，細胞核のRNA，DNAへの直接作用と，化学反応により生じたH_2O_2や遊離基（フリーラジカル）の間接的作用とがある．

Plus One Point

Gy（グレイ）

1Gyは100rad（ラッド）で，物質1gあたり10^4ergのエネルギーが吸収されたことを示す．ちなみに，報道などでよく耳にするシーベルト（Sv）は放射線防護を考える際に用いる量の単位で，被ばく量はこちらで示される．

表8.2　放射線照射による食品の品質保持効果

照射線量 （KGy）	品質の保持効果
0.02～0.15	発芽抑制（じゃがいも，たまねぎ，くり）
0.1～0.5	殺虫，殺卵（穀類，乾燥食品）
0.5～5	熟度調節（果実）
1～10	表面殺菌（青果物，魚介類，枝肉，香辛料）
25～50	完全殺菌（加工食品）

（2）紫外線

紫外線（波長 10 〜 380 nm）の中でも波長 200 〜 280 nm のものは，微生物の遺伝子を変異させ，たんぱく質合成系の破壊を起こすため殺菌効果があり，とくに波長 254 nm の紫外線は殺菌線とよばれ強い殺菌力がある．このため，空中の浮遊微生物，食品や容器に付着した微生物などの殺菌に使用されている．しかし，紫外線はγ線やX線に比べ透過力がないため，照射する場合，ランプからの距離や，対象物が重ならないことが必要である．

（3）マイクロ波と赤外線

マイクロ波殺菌は，マイクロ波を照射したときに食品中の水などが激しく振動して生じる摩擦熱で食品を加熱殺菌する方法である．また，赤外線殺菌とは，照射した赤外線を食品の表面で熱に変換して殺菌する方法で，ある程度の内部浸透作用も期待できる．

8.7 空気組成の調節による保存

青果物は生きており，収穫後貯蔵中でも呼吸を続けている．この呼吸作用により青果物内の栄養成分が減少するとともに後熟も進み，腐敗へとつながっていく．そこで，この呼吸作用を抑えれば，青果物の品質劣化を遅らせることができる．この原理を用いた保存方法の一つが，8.3 節の低温による保存である．ここでは，低温だけでなく周囲の空気組成を変えることにより，さらに青果物の呼吸作用を抑制し貯蔵期間を長期にする保存方法を解説する．

（1）CA 貯蔵

CA 貯蔵（controlled atmosphere storage）は，高湿度（蒸散作用による萎凋を抑える）・低温に加えて貯蔵庫内の空気組成を人工的に調節することで積極的に呼吸作用を抑え，青果物などを長期保存しようとするものである．とくに，図 8.8 に示すように，果実のなかでも成熟過程後半に呼吸の一過性上昇現象（クライマクテリック・ライズ，climacteric rise）が認められるクライマクテリック型果実（バナナ，りんご，洋なし，もも，すもも，メロン，あんず，トマト，マンゴー，パパイアなど）の貯蔵に適している．これらの果実を呼吸上昇前に収穫し，CA 貯蔵によりクライマクテリック・ライズの発現を遅らせることで追熟が抑制でき，新鮮で高品質の果実の長期保存が可能となる．表 8.3 に示すよ

Plus One Point

CA 貯蔵の空気組成
ふつう，大気中の空気組成は，N_2 79 %，O_2 21 %，CO_2 0.03 % であるが，CA 貯蔵では O_2 3 〜 7 %，CO_2 2 〜 10 % の濃度に調節する．

非クライマクテリック型果実
成熟過程後半になっても呼吸の上昇を示さない果実で，みかんやグレープフルーツなどのかんきつ類，ぶどう，いちじくなどがある．

電磁波の種類

電磁波照射が食品の保存に使用されるようになったのは，第二世界次大戦後のことであり，照射に使われる電磁波には，γ（ガンマ）線，X 線，紫外線，マイクロ波などがある．γ線，X 線は透過力，放出エネルギーが強く，加熱法や凍結法と違って，ほとんど質的変化を与えず食品を保存できる利点がある．

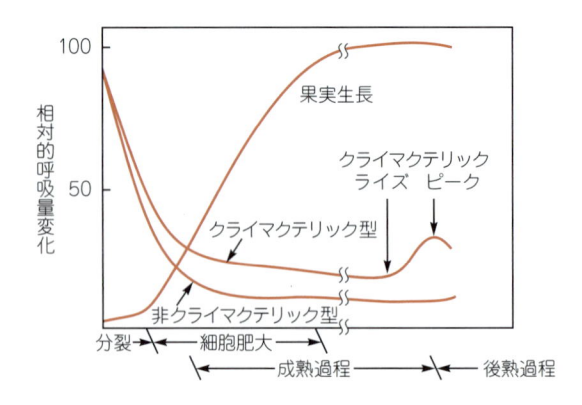

図 8.8　果実肥大と果実の呼吸パターン

表 8.3　青果物の最適 CA 貯蔵条件と貯蔵期間

品　名	温度(℃)	湿度(%)	ガス組成 CO₂(%)	O₂(%)	貯蔵期間 CA 貯蔵	普通冷蔵
りんご(紅玉)	0	90〜95	3	3	6〜7(月)	4　(月)
〃 (スターキング)	2	90〜95	2	3〜4	7〜8	5
なし(二十世紀)	0	85〜95	3〜4	4〜5	6〜7	3〜4
かき(富有)	0	90〜95	7〜8	2〜3	5〜6	2
くり	0	80〜90	5〜7	2〜4	7〜8	5〜6
じゃがいも(男爵)	3	85〜90	2〜3	3〜5	8	6
〃 (メークイン)	3	85〜90	3〜5	3〜5	7〜8	4〜5
ながいも	3	90〜95	2〜4	4〜7	8	4
にんにく	0	80〜85	5〜8	2〜4	10	4〜5
トマト(緑熟果)	10〜12	90〜95	2〜3	3〜5	5〜6(週)	3〜4(週)
レタス	0	90〜95	2〜3	3〜5	3〜4(週)	2〜3(週)

資料：ダイキン工業研究部，1972，緒方，「コールドチェーン研究」1, (2) 3 (1975).

うに，実際 CA 貯蔵を行うことで青果物の貯蔵期間は，普通冷蔵に比べて長くなっている．

しかしながら，酸素(O_2)が少なすぎる状態では，嫌気的な呼吸を起こしてアルコールなどが発生し，品質が低下する．また，二酸化炭素(CO_2)濃度が高すぎても異臭の発生や褐変などの CO_2 障害が発生する．したがって，貯蔵庫内の空気組成調節は厳密に行われなければならず，そのために，大きな設備を必要とする．理論的には優れた方法ではあるが，りんごの長期貯蔵以外には，あまり実用化されていない．

（2）MA 包装

青果物をポリエチレンやポリプロピレンなどの袋で包装すると，低温貯蔵中における水分の蒸散が抑制され，かつ，青果物自身の呼吸作用により袋内の空気組成が，低 O_2，高 CO_2 状態となり，一種の CA 貯蔵効果が現れる（図 8.9）．このような方法を MA 包装(modified atmosphere packaging, MAP)とよんでいる．

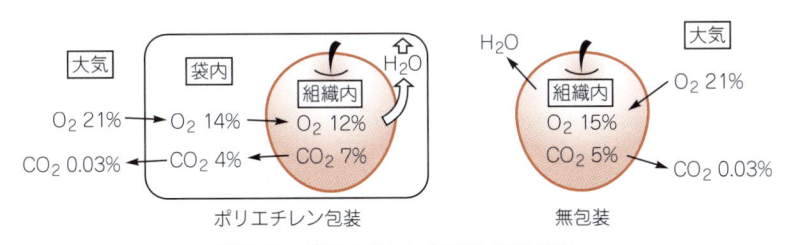

図 8.9 ポリエチレン包装の貯蔵効果
「果実の科学」, 伊藤三郎 編, 朝倉書店(1991), p.183.

（3）減圧貯蔵

減圧貯蔵は，真空ポンプで貯蔵庫内の気圧を大気圧の1/10以下に減圧し食品を貯蔵する方法である．O_2分圧の減少により，酸化反応や好気性菌の生育が抑制される．また，青果物では，CA貯蔵と同様の効果が期待できるほか，成熟に伴って発生する植物ホルモンであるエチレンガスを真空ポンプで吸引排気することにより，貯蔵期間を延長することができる．

（4）ガス置換による貯蔵

O_2をN_2やCO_2などの不活性ガスに置き換えて，各種酸化反応や好気性微生物による品質劣化を抑制する貯蔵方法である．わが国では，冬眠米の貯蔵に用いられている．

（5）吸湿剤や鮮度保持剤使用による貯蔵

シリカゲルなどの吸湿剤，微細鉄粉の酸化を利用した脱酸素剤，エチレン除去剤などを用いることにより，食品の貯蔵期間を延ばすことができる．とくに，脱酸素剤は，条件により容器中のO_2濃度を0.1％以下にすることが可能で，酸化反応による品質劣化防止には効果的である．

8.8 食品添加物による保存

社会生活の変化に伴い，多種多様の食材や加工食品，調理済み食品が用いられるようになってきた．これらの多くは，遠距離輸送や長期保存される場合が多いため，その間に微生物や化学的反応による品質劣化の進行が危惧される．そういった食中毒につながりかねない品質劣化を抑制するために，食品の品質を保つ食品添加物（表8.4）が使用されている．

保存料は，かびや細菌などの発育や増殖を抑制することで，食品の腐敗，変敗を防止し，食中毒の発生を予防する目的で使用される．安全性の面から食品衛生法にて使用してもよい食品と，使用量の最大限度が定められている．

防かび剤または防ばい剤は，かんきつ類とバナナなどの輸入果実に，輸出国で収穫後（ポストハーベスト）使用されている．海外では，ポストハーベスト農薬として取り扱われるが，日本では収穫後の農薬処理は認められていない．そこで，防かび剤または防ばい剤は，日本では食品添加物として規制され，対象食品や残存上限値などが設定されている．

表8.4 食品の品質を保つ食品添加物(保存性の向上および食中毒の予防に使われるもの)

用途	目的	例
保存料	かびや細菌等の発育を阻止し、食品の腐敗を防ぐ	安息香酸ナトリウム、ソルビン酸、パラオキシ安息香酸エチル、しらこたんぱく抽出物、ε-ポリリシン
防かび剤または防ばい剤	輸入かんきつ類等のかびの発生を防ぐ	イマザリル、チアベンダゾール、オルトフェニルフェノール
殺菌料	微生物を殺して食品が腐るのを防ぐ	次亜塩素酸ナトリウム、次亜塩素酸水、過酸化水素、高度サラシ粉
日持ち向上剤(注)	保存性の低い食品に対して数時間または数日といった短期間の腐敗、変敗を抑える	酢酸、酢酸ナトリウム、グリシン、リゾチーム、グリセリン脂肪酸エステル、香辛料抽出物
酸化防止剤	食品の酸化を防ぐ	ジブチルヒドロキシトルエン(BHT)、L-アスコルビン酸ナトリウム、エリソルビン酸ナトリウム、dl-α-トコフェロール

日持ち向上剤：食品衛生法およびその関連法規には用途名として日持ち向上剤の規定はなく、添加物の表示では、「日持ち向上剤」という表示はできない。しかし、広く使われている用語なので取り上げた。保存料とは区別する必要がある。
日本食品化学学会 編,「I食品添加物実用 必須知識編」、—食品添加物活用ハンドブック—(2009), p.27より一部改変。

殺菌料は、微生物を殺して食品の腐敗、変敗を防止する目的で使用される。漂白作用もあわせ持ち、漂白剤としても用いられている。高度サラシ粉以外は、使用基準が決められており、過酸化水素、次亜塩素酸水などは最終的に食品中に残存しないこととなっている。

日持ち向上剤は、保存性の低い食品に対して、数時間または数日間といった短期間の腐敗、変敗を抑える目的で使用される。食品衛生法などに日持ち向上剤という用途名はなく、「日持ち向上剤」との表示はできない。保存料と比べると効力が弱く使用量も多くなりがちである。消費者から好印象を得るために、日持ち向上剤を使用して「保存料不使用」と表示している例もある。

酸化防止剤は、油脂成分の酸化防止や、果実や野菜の加工品の褐変、変色防止に使用される。不飽和脂肪酸を含む油脂類は保存中、酸素により自動酸化を生じ油脂酸化物を生じやすい。油脂酸化物は、食品の品質劣化につながるだけでなく、食べた場合、胃腸傷害をもたらし食中毒の原因ともなる。また、果実や野菜には、空気中の酸素による酸化反応により褐変、変色を起こしやすいものがあり、品質劣化につながる。これらを防ぐために酸化防止剤が使用される。

練 習 問 題

次の文を読み，正しいものには○，誤っているものには×をつけなさい．

（1） 食品中の水分含量が上昇すると，それに伴って A_w（水分活性）値は直線的に上昇する． 🖙 重要

（2） 水の食品への脱湿曲線と吸湿曲線とは一致しない．

（3） 中間水分食品は A_w 0.20〜0.85，水分含量 20〜40% である．

（4） 油脂の酸化，褐変，酵素活性と水分活性とは関係ない．

（5） 有機酸のうち最も抗菌力のあるのはクエン酸である．

（6） 熱燻法は 100℃ 以上の温度で長時間燻煙処理を行うため，保存性が良好である．

（7） 氷温貯蔵は，食品を 0℃ からその氷結点までの温度帯で保存する貯蔵法である．

（8） 氷結率とは，食品中の水が氷結した重量比をいう．

（9） チルドの温度帯は −1〜10℃ と定義されている．

（10） 食品の凍結では最大氷結晶生成帯を速く通過させることが重要である． 🖙 重要

（11） 一般的に，冷凍食品とは，「前処理を施し，急速凍結を行って −18℃ 以下の凍結状態で保持した包装食品」をいう． 🖙 重要

（12） 酸性 pH 下では，食品の加熱殺菌が容易である． 🖙 重要

（13） 芽胞形成細菌は，紫外線照射によって殺菌されない．

（14） 紫外線照射では，食品の内部まで殺菌できる．

（15） じゃがいもの放射線照射は，殺菌の目的で利用されている．

（16） 高温短時間殺菌では，62〜65℃ で 1〜5 秒の加熱処理を行う．

（17） CA 貯蔵では，保存環境中の二酸化炭素濃度を大気に比べ高くする． 🖙 重要

（18） 容器中の窒素を酸素に置き換えることで，品質劣化を抑制することができる． 🖙 重要

（19） ブチルヒドロキシトルエン（BHT）は，防かび剤である．

（20） 不飽和脂肪酸を含む油脂は，自動酸化を起こしやすい．それを抑えるためにビタミン E のような酸化防止剤が，食品添加物として用いられている．

9 食品の包装

9.1　食品包装の役割
（1）食品包装の目的
　食品をそのままの状態で放置すると，さまざまな被害や品質劣化が起こる．食品の包装は，これらを防止するために行われる．すなわち，食品包装は，個々の食品を外界の環境と遮断し，① 害虫被害や異物混入の防止，② 水分蒸発や吸湿の防止，③ 微生物による腐敗防止，④ 酸素，光，紫外線による酸化や退色の防止，などを主目的として行われる．

　また，包装により，その食品を衛生的に取り扱うことができ，貯蔵や輸送が可能になる．さらには，包装材への印刷により，内容成分の表示やデザインによる差別化も可能になる．

（2）食品包装の定義と分類
　容器包装は，食品衛生法で「食品または添加物を入れ，または包んでいる物で，食品または添加物を授受する場合そのままで引き渡すもの」と定義されている．また，JIS（日本工業規格）では，包装を「物品の輸送，保管などにあたって，価値および状態を保護するために適切な材料，容器などを物品に施す技術および施した状態をいう」と定義している．

　JISでは，包装をさらに個装，内装，および外装に分類している．個装とは食品に直接触れる包装であり，缶詰・びん詰やレトルト食品の包装などがある．内装とは個装食品に対する包装で，個々の食品の個別商品化が行われる．最後に，外装とは木箱やダンボール箱などで，流通の簡便さを目的とするものである．ここでは，食品とじかに接する個装を中心に，食品の包装を概説する．

9.2　食品の包装材料
（1）食品包装材料の要件
　食品の包装材料として必要な要件は，まず衛生性と安全性である．当然，包装材料は衛生的なものであって，食品へ有害物質，異味，異臭の移行があってはならない．また，品質保全性，作業性，利便性，商品性，経済性，エコロジ

Plus One Point

食品包装の歴史

食品包装は，収穫した穀類や乳，オリーブ油，酒などを容器に入れることから始まった．いまから約6000年前に，ビールやワインが製造され，つぼや木製のおけが容器として利用されていた．日本でも，縄文時代に土器が食品の貯蔵などに利用されている．また，食品を包むことでは，古くから竹の皮や笹の葉などが利用されている．

食品保存を目的とした近代的な包装のはじまりは，フランス人のニコラ・アッペール（N. Apert）によるびん詰の発明（1804）と，イギリス人のピータ・デュラン（Peter Durand）による缶詰の発明（1810）である．

近年の石油化学の発展に伴って，ポリエチレンを代表とする各種のプラスチックが量産化され，大量生産・大量消費時代の食品の包装に利用されている．

表9.1 食品包装材料の要件

要件		内容
衛生性・安全性		有害物質,異味・異臭の移行がない
品質保全性	気体遮断性(バリアー性)	水,水蒸気,各種ガス,光,紫外線,においの遮断
	内容品保護性	引張り強度,衝撃強度,突き刺し強度が高い
	安定性	耐内容品性,耐水性,耐油性,耐熱性,耐寒性
作業性		ヒートシール性(熱接着性)が優れ,包装作業が効率よく行える
利便性		消費時における便利さ(開けやすいなど)があること
商品性		包装材の表面に印刷適性がある
経済性		大量生産できてコストが安い
エコロジー性		環境への悪影響がない

一性も重要な要件である．個々の要件については表9.1に示す．

(2) 食品包装材料

(a) 木材
古くから木箱として使用されている．材料の入手が容易で，強度に優れ衝撃に強いが，重くかさ張る欠点がある．ダンボール箱の普及に伴い，あまり使われなくなった．

(b) ガラス
ガラスびんは液体食品の容器として重要である．通常，安価なソーダ石灰ガラスを原料として，大量に製造されている．耐熱・耐薬品性に優れ，洗浄や滅菌が簡単で反復使用ができる利点があるが，重くて，割れやすい欠点もある．

(c) 金属
古くからスチール缶やブリキ缶(スズメッキ鋼板)が，缶詰食品や飲料用の容器として使用されている．また1960年代にはスズを使わない缶として，鋼板に金属クロムメッキした缶(TFS缶：tin free steel can)が開発された．TFS缶はブリキより経済的で，各種塗料に対する密着性に優れ，ブリキのような硫化変色がない特徴がある．最近は，イージーオープン蓋(pull tab)の便利さから，飲料を中心としてアルミ缶の利用が多い．アルミ缶は価格が高く缶強度は劣るが，軽量でさびにくく，金属溶出に伴う缶臭や硫化変色がない長所がある．

なお缶の大きさは，内径や高さや内容積(mL)の違いから，JIS規格として，円筒形の1号缶(3100 mL)～8号缶(155 mL)などの食缶規格がある．また，缶のパーツ構成により，底，缶胴，上蓋(飲み口，開け口)からなる3ピース缶と，プレス加工で一体成形した容器と上蓋からなる2ピース缶がある．なお，缶詰の製造では「二重巻締め機」で，缶胴の周縁部分に上蓋の周縁を巻き込み，圧着，接合して完全に密着させている．

通常，食缶の内面は，缶詰保存中の内容物の色や味の劣化および缶の腐食を防ぐために，エポキシ樹脂で内面塗装されたものが多い．しかし，エポキシ樹

硫化変色
食品中の含硫アミノ酸(メチオニン，システインなど)が分解されて生じる硫化水素とスズや鉄が反応し，黒色物質(硫化スズや硫化鉄)を生じる現象をいう．かに缶のかに肉が硫酸紙に包まれているのは，この硫化変色の防止のためである(p.53参照)．

二重巻締め(断面図)

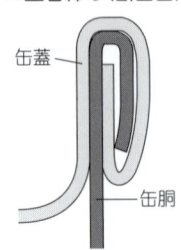

脂の原料は環境ホルモンとして問題になったビスフェノールAであり，缶内で溶出する懸念から，近年はポリエチレンテレフタレート(PET)フィルムを内外にラミネートした缶が開発された．これは東洋製罐㈱が開発したもので，タルク缶(TULC缶：Toyo Ultimate Can)とよばれ，白色の樹脂を使っているため底面が白いのが特徴である．

さらに，近年のプレス加工技術の進歩により，アルミやスチール製のボトル型缶が開発され，コーヒーやお茶の容器として利用されている．ボトル缶は蓋を閉めることが可能で，ペットボトルよりも熱伝導率がよく冷えやすいなどのメリットがある．

(d) 紙

紙容器は，最も多く使用されている．紙は印刷性に優れ，軽くて遮光性を備え強度もある．また，リサイクルや焼却にも適している．とくに食品の外装用としては，ダンボール箱が流通用包装材として定着している．

一方，紙は防水性とヒートシール性がないため，ポリエチレンなどのプラスチック材料とラミネート化させ，耐水性やヒートシール性を付与した包装材が，飲用乳や果汁飲料などに使用されている．

(e) セロハン

木材パルプからつくられるビスコースをフィルム状に押し出し，硫酸浴で不溶化したフィルムで，古くから食品の包装に利用されている．透明で，気体の遮断性や印刷適性が優れている．しかし防湿性とヒートシール性がなく，それらの欠点をプラスチックフィルムとラミネート化させて補った防湿セロハンが，ひねり包装に使用されている．最近は安価なプラスチックフィルムの出現により需要が少ない．

(f) プラスチック

プラスチックは主に石油からつくられる．原油を蒸留して得られるナフサから，エチレン，プロピレン，スチレンなどのモノマー(単分子)を分離精製し，これらモノマーに触媒を添加して，高圧や熱をかけて重合させたポリマー高分子がプラスチックである．

その一般的な特徴としては，電気を通さない(絶縁体)，水や薬品などには強いが紫外線に弱く太陽光が当たると劣化が速い，軽く，燃えやすいなどがあげられる．また，加工適性に優れ大量生産が可能で，種類が多く，それぞれが特有の性質をもち，利用目的に適した特性が選択できる利点がある．通常，1種類以上のプラスチックを紙，セロハン，アルミ箔などとラミネート化することにより，それぞれの長所を組み合わせ，欠点を補ったラミネート包装材料が多くの食品に使用されている．とくに，レトルト食品に使用されるレトルトパウチ(p.124参照)は，プラスチックのラミネート化包装材料として有名である．

食品の包装に使われる代表的なプラスチックフィルムの特性を表9.2に示す．

ラミネート化
フィルムおよびシート状材質の積層または貼り合わせ加工のこと．接着剤や加熱接着性ワックスなどを介在して，2枚またはそれ以上のフィルムを積層し1枚のフィルムに仕上げる．

ひねり包装(例)

熱可塑性と熱硬化性
熱可塑性とは，融点以上の温度に加熱すると軟らかくなる特性を表し，熱硬化性とは，加熱すると重合して硬化し，元に戻らなくなる特性を表す．プラスチック(plastic)は本来，可塑性物質という意味で，石油からつくられた熱可塑性の合成樹脂であり，目的の形に容易に成形することができる．

表9.2 食品包装用プラスチックフィルムの特徴

プラスチックフィルム材料名	記号	防湿性	防水性	気体遮断性	耐油性	強度	耐熱性	耐寒性	透明性	機械適性	ヒートシール性	印刷適性	保香性
ポリエチレン（低密度）	LDPE	○	◎	×	△	△	×	○	○	△	◎	△	×
ポリエチレン（高密度）	HDPE	◎	◎	×	○	○	○	○	○	○	◎	△	×
ポリプロピレン（二軸延伸）	CPP	○	◎	×	○	○	○	○	○	○	×	△	×
ポリスチレン（スチロール）	PS	△	○	×	△	○	○	○	◎	○	×	○	×
ポリ塩化ビニル（硬質）	PVC	◎	◎	○	◎	○	○	○	◎	×	△	○	○
ポリ塩化ビニリデン	PVDC	◎	◎	◎	◎	○	○	○	◎	○	×	△	◎
ポリエチレンテレフタレート（ポリエステル）	PET	○	◎	○	◎	◎	◎	◎	◎	◎	×	◎	◎
ポリアミド（二軸延伸）（ナイロン）	ON	△	◎	○	◎	◎	◎	◎	◎	◎	×	◎	○
ポリカーボネート	PC	△	◎	△	◎	◎	◎	◎	◎	◎	×	○	◎

可塑剤（かそざい）

可塑とは「軟らかく形を変えやすい」という意味である．可塑剤とは，熱可塑性の合成樹脂に加え，その柔軟性を改良して加工適性を改良する薬剤類の総称である．そのほとんどが酸とアルコールから合成される化合物（エステル類）で，そのなかでもとくにフタル酸エステルがポリ塩化ビニルなどのプラスチックやゴムの可塑剤として繁用されている．

環境ホルモン（内分泌かく乱物質）

環境中に存在する化学物質のうち，生体の成長や生殖や行動に関与するホルモン様の作用を起こしたり，逆に阻害したりする物質を内分泌かく乱物質といい，通称，環境ホルモンともよばれている．現在，環境ホルモンとして疑われている化合物として，食品の包装に関係するものは，ポリカーボネート樹脂やエポキシ樹脂の原料であるビスフェノールAやダイオキシン類などがある．

ポリエチレンは，とくに防水性とヒートシール性に優れ，軽包装用ポリ袋やゴミ袋などに用いられる．重合法により低密度と高密度ポリエチレンがある．

ポリプロピレンは強度が強く，保水性や透明性に優れ，耐油性や耐熱，耐寒性もある．しかし，ヒートシールができないので，シール部分だけに感熱性の接着剤をコートしたパートコート袋が開発され，乾物，米菓，キャンデーなどの袋として使用されている．

ポリスチレンを数倍から数十倍発泡させたものが軽くて断熱性，緩衝性に富んだ発泡スチロールで，魚，肉，野菜のトレー，カップめんの容器などに使用されている．また，ポリスチレンフィルムは透明性に優れ，硬くてもろく，食品用の透明カップ容器やスプーンやフォークに使われている．

ポリ塩化ビニルのシートは成形性がよく，食品用のトレーや容器，シュリンク包装などに使用されている．

ポリ塩化ビニリデンは，防水性，気体遮断性，耐油性，耐熱性，保香性に優れ，家庭でもよく使うラップフィルムやハム・ソーセージなどのケーシングチューブに用いられている．

ポリエステルとは，多価カルボン酸とポリアルコールとの重縮合体である．なかでも最も多く生産されているものは，テレフタル酸とエチレングリコールから製造されるポリエチレンテレフタレート（PET）である．ペットボトルが有名である．

ナイロンは，炭化水素（CH_2）がアミド基（$CONH$）を介して結合したポリマーである．容器包装用には，ポリエチレンやポリプロピレンとラミネートしたナ

イロン，複数の種類のナイロンを化学的に結合した共重合ナイロンが多用されている．酸素を通しにくく，袋の強度が強く，最も信頼性の高い包装用フィルムとして，真空包装食品，液体スープ用などに使用されている．さらに，比較的耐熱性がよいことから，ハンバーグなどのボイル殺菌食品やレトルト食品の包装材料として，また，低温における強度が高いことから，冷凍・冷蔵食品の包装材料としても用いられている．

ポリカーボネートはビスフェノールAと塩化カルボニルまたはジフェニルカーボネートを反応させて得られるポリエステルの一種で，透明で軽く強く，耐熱温度も130℃と高く，耐衝撃性に優れている．食品関連用途としては，プラスチックの哺乳瓶の大半にポリカーボネートが使われている．食器などにも使用されている．

（g）可食性フィルム

可食性フィルムとは読んで字のごとく，食べられるフィルム（膜）で，古くからソーセージの原料を詰めるケーシング（家畜の腸管）は天然の可食性フィルムである．現在，非水溶性のたんぱく質系や水溶性の多糖類系の可食性フィルムが開発されている．動物たんぱく質系はコラーゲン，植物たんぱく質系の大豆たんぱく質やトウモロコシたんぱく質（ツェイン）などをフィルム化したもので，とくにコラーゲンフィルムは天然ケーシングと同様，薫煙成分が透過して中に風味が付き，肉詰めや結さつや加熱工程でも破れず，そのまま食べられ，

ダイオキシン
炭素・水素・酸素・塩素からなる複雑な化合物で419種類もあるが，そのなかで31種類に毒性がある．人類がつくりだした「史上最強の毒物」で，青酸カリの約1万倍の毒性があるダイオキシンもある．非常に分解されにくい化合物で，皮膚・内臓障害を起こし，催奇形性・発がん性もある．また，内分泌かく乱物質でもある．塩素を含む化合物が不完全燃焼すると生じる．除草剤などの分解，都市のごみ焼却の灰，製紙の汚泥，自動車の排ガス中に見出され，環境汚染物質として問題となっている．

循環型社会構築のための廃棄物の3R
リデュース：発生抑制
リユース：再使用
リサイクル：再生利用

容器包装リサイクル法

（容器包装に係る分別収集および再商品化の促進などに関する法律）

近年，大量生産・大量消費時代が長らく続き，家庭や事業所から排出される一般廃棄物の量が増大し，その廃棄物処理問題が深刻化している．平成7年，その状況に対処するため，一般廃棄物5290万トンの約60％を占め，かつ再生資源としての利用が技術的に可能な容器包装について，容器包装リサイクル法が公布された．この法律では，消費者は容器包装を分別排出し，自治体が分別収集し，事業者が再商品化の役割を果たす．平成9年からペットボトルおよびガラス製容器を対象に，平成12年からはプラスチック製容器包装および紙製容器包装に対象を拡大し完全施行された．

法律施行から10年後，平成17年の評価結果では，分別収集を実施する市町村や分別収集量が増加し，とくにペットボトル，プラスチック製容器包装の収集量が大幅に拡大していた．しかし，一方では家庭から出る一般廃棄物量は5270万トンと高止まり，その中で容器包装廃棄物の割合も変わらず約60％もあった．さらに，容器包装廃棄物の分別収集・選別保管に伴い市町村の負担が増加し，ペットボトルの一部が海外に輸出されている実態も判明した．

これらの評価結果を受け，平成18年に以下の3つを見直し，基本的方向とした改正容器包装リサイクル法が成立・公布された．

① 容器包装廃棄物の3R（リデュース，リユース，リサイクル）の推進
② リサイクルに要する社会全体のコストの効率化
③ 国・自治体・事業者・国民等すべての関係者の連携

今後，容器包装の削減と再利用促進を実現させるためにも，買い物袋を持参し過剰な包装を断るなど，われわれ消費者個人の自覚と協力が必要である．

形状や色などの外観がよいことなどからソーセージに多く使われている．

　水溶性の多糖類系には，植物系（でんぷん，セルロースなど），動物系（キチン類），微生物系（プルランとキサンタンガム）があり，それらの単層のフィルム（厚さ 30～70 μm）は，印刷適性や耐油性があり，加工することでヒートシール性の付与も可能である．多糖類の種類や配合割合を変えることで水への溶解速度，溶解温度などを変えることも可能である．用途としては，即席めんの具，調味オイル，冷凍調味液などの可食性包装，ハム・ソーセージなどの可食性ケーシングなどに用いられている．

9.3　各種食品の包装技術

（1）真空包装

　食品のフィルム包装の際に，内部の空気を排除し，フィルムを食品表面に密着させる包装技術である．**真空包装**の目的は，包装内部から空気を除去して，酸化や好気性微生物の発育を抑制することである．したがって，包装材料としては，**気体遮断性**や防湿性が高く，**ヒートシール性**があり，突き刺し強度の強いラミネートフィルムが適している．

　乾燥食品の場合は，真空包装によってかなりのかび抑制効果が期待でき，実用例としてはもちの真空パックがある．高水分食品については真空包装だけでは空気の排除が完全ではなく，微生物の増殖抑制効果はそれほど期待できない．

（2）窒素ガス置換包装

　食品包装内の空気を排除した後，窒素ガスを1気圧になるよう導入して，ヒートシールする包装技術である．食品を窒素ガス（不活性ガス）中に保持して，油脂類，ビタミン類，色素などの酸化を防止することを目的として行われる．窒素ガス中の酸素混入率が5％を超えると酸化防止効果は期待できず，充てんには高純度の窒素ガスが使用される．窒素ガス置換包装は，かび類，酵母類，好気性細菌類の発育抑制効果が高い．

　包装材料としては，真空包装と同様の特性が要求され，塩化ビニリデン，セロハン，アルミ箔，紙などのラミネートフィルムが使用される．真空包装では食品組織が崩れる場合に，**窒素ガス置換包装**が適している．実用例として，粉乳，茶，バターケーキ，ローストナッツなどがある．

（3）炭酸ガス置換包装

　食品包装内の空気を排除した後，炭酸ガスを封入してヒートシールする包装技術である．炭酸ガスは窒素ガスと同様に不活性ガスであり，食品成分の酸化が抑制される．また炭酸ガスは，好気性微生物の増殖阻害活性をもつ．たとえば，空気中の炭酸ガス濃度が10％になると，かび類や食品の表面付着細菌類の増殖阻害が起こり，40～50％濃度になるとかび類は増殖できなくなる．さらに，炭酸ガスは水への溶解性が高いため，食品中の水分に吸収され，フィルムが食品へ密着して真空包装のような形態になる．このとき，炭酸ガスが食品

真空包装の方法
ノズルから内部の空気を排除した後に，ヒートシールで密封するノズル式と，排気により減圧された空間内で食品を密封するチャンバー式がある．

中の水に溶けて酸味がつく欠点がある．

包装材料としては真空包装の材料と同様の特性が要求される．とくに気体遮断性が重要であり，ポリエステル/塩化ビニリデン/ポリエチレンのラミネートフィルムが適している．実用例としては，フランクフルトソーセージ，スライスハム，サラミソーセージなどがある．

（4）脱酸素剤封入包装

気体遮断性の高い包装材料で，脱酸素剤とともに食品を包装する技術である．脱酸素剤により，包装系内から酸素をほぼ完全に除去することが可能で，食品中の油脂の酸化や好気性微生物の増殖が抑制できる．また，保存中に外部から透過してきた酸素も吸収される．脱酸素剤は嫌気性細菌には効果がないため，これらの増殖抑制には，食品の水分活性や流通温度に注意する必要がある．

（5）無菌包装・無菌化包装

無菌包装とは，滅菌した食品を無菌の雰囲気下で，別に殺菌した包装容器に充てん包装し，常温下での長期保存や流通を可能にする技術で，アセプティック包装ともよばれる．現在，LL牛乳，果汁，クリーム，プリンなどに利用されている．また，無菌化包装とは，無菌に近い食品を，別に殺菌した包装材料で無菌的に包装し，低温下での保存や流通によって，品質保持期間を延長する包装技術である．おもに，スライスハム，スライスチーズ，総菜，もち，米飯などの包装に利用されている．

無菌および無菌化包装の特徴としては，包装後の二次殺菌の必要がなく，熱に不安定な食品でも品質変化を最小限にとどめられることである．また，包装材料や容器が耐熱性でなくてもよいので，紙容器，カップ，トレーなど多様な包装形態が選択できる．

（6）冷凍食品の包装

冷凍食品の包装材料は耐寒性がとくに重要である．また調理ずみ冷凍食品は，包装されたまま再加熱される場合が多く，耐熱性も要求される．したがって，包装材料としては，広範囲の温度帯（-40～100℃）に耐性をもつことが重要である．また，冷凍食品は比較的長期間保存されるので，包装材料には食品の酸化，退色，香りの散逸などの抑制効果が要求される．さらに，透明性，印刷適性，ヒートシール性，経済性の優れた包装材料が選ばれる．このような特性をもつものとして，通常，ポリプロピレン/ポリエチレン，ポリエステル/ポリエチレン，ナイロン/ポリエチレンの二層ラミネートフィルムが使用されている．

（7）レトルト食品の包装

レトルトとは殺菌釜のことであり（p.109参照），レトルト食品とは，JAS（日本農林規格）および食品衛生法において「容器包装詰加圧加熱殺菌食品」と定義されている．一般的には，包装材料として，プラスチックフィルムや必要に応じて金属フィルムが使われる．これらをラミネート化したフィルムで成型した

脱酸素剤

酸素吸収剤であり，鉄粉の酸化を利用したものやアスコルビン酸などのレダクトン類の酸化を利用したものがある．
鉄の酸化によって赤さびが生じる化学式を次に示す．

$$4Fe + 3O_2 \longrightarrow 2Fe_2O_3$$
$$\text{赤さび}$$

Plus One Point

レトルト食品の歴史

レトルト食品は缶詰に代わる軍用食糧として，1950年代にアメリカで開発された．1969年に打ち上げられた月面探査船のアポロ11号で宇宙食（商品名：Lunarpack）として採用され，注目を集めた．日本では，1969年に，カレーを詰めたレトルト食品が発売され，約40年間でおよそ18億644万個（180g入換算），生産金額で約2091億円の市場に成長した．2008年の生産量は約30万トンで，カレーが40％を占め12万トン，次いで，パスタソース約4万トン，料理用ソース約3万トン，ご飯類約2万トン，と続く．

気密性のある袋(パウチ)または容器に食品を詰め，ヒートシールで密封し，殺菌釜で中心部の温度を120℃，4分間以上，加圧加熱殺菌した食品がレトルト食品であり，常温流通できるものである．

レトルト食品の包装材料には，遮光性があり酸素などの気体透過性がなく，加圧加熱殺菌に耐性があり，かつヒートシール性や衝撃強度，突き刺し強度が優れているフィルムが要求される．レトルトパウチはこれらの要求を満たすように開発されたもので，最近では自立性のパウチ(スタンディングパウチ)やレトルト容器(カップ，トレー)なども開発され，多くの商品形態が可能になっている．図9.1にレトルト食品の容器とその構成材料を示す．

（8）電子レンジ対応食品の包装

電子レンジは，使用周波数2450 MHz(メガヘルツ)のマイクロ波を利用した加熱調理器である．これを使用して調理したり再加熱したりする電子レンジ対応食品の需要が伸びている．この食品は，調理の簡易化と個食化が特徴で，包

Plus One Point

マイクロ波加熱の原理
2450 MHzのマイクロ波照射により，食品中の水分子は毎秒24億5000万回振動し，分子摩擦により熱が発生する．

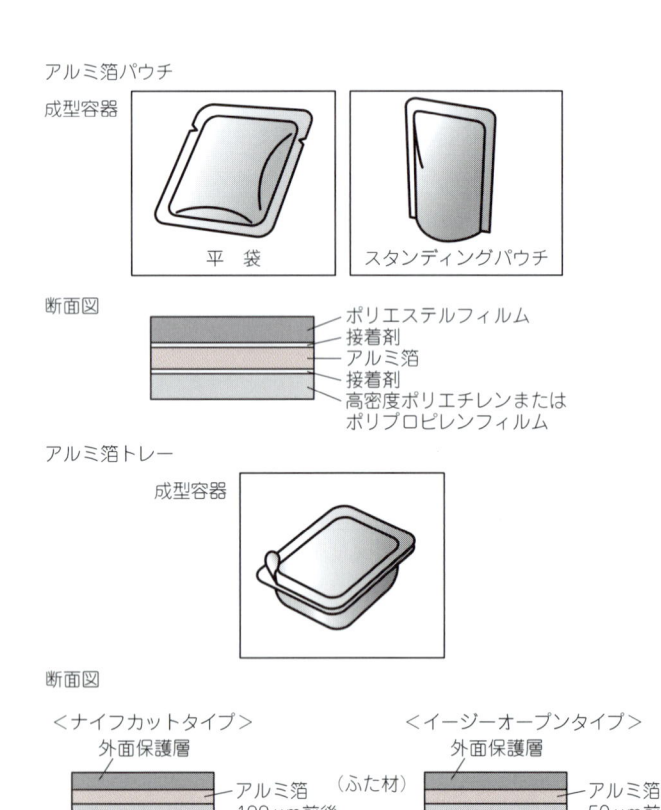

図9.1　レトルト食品の容器と包装構成材料
「レトルト食品を知る」，日本缶詰協会レトルト食品部会 編，丸善(1996)．

装容器のまま電子レンジで加熱される調理ずみの冷蔵・冷凍食品やレトルト食品に多く使われている．

冷蔵・冷凍流通の電子レンジ対応食品の包装容器は，耐冷蔵・冷凍性と同時に耐熱性と耐湿性が要求される．日本では，これらの要件を備える包装材料として，炭酸カルシウムを混入したポリプロピレントレーが使用されている．

レトルト食品の場合は，常温流通のため，電子レンジ加熱時間が短く，加熱の不均一性も少ないので，電子レンジ対応レトルト食品の販売量が伸びている．包装材料には，ポリプロピレン/塩化ビニリデン/ポリプロピレンのラミネートフィルムが多く使われている．

（9）カートン包装

カートンとはフランス語で厚紙の意味であり，カートン包装とは厚紙の紙箱で包装したものをいう．食品の包装では，ダンボール箱や洋菓子や和菓子を入れる紙箱もあるが，紙とプラスチックやアルミ箔などをラミネート化した容器が開発され，牛乳や果汁，調味液，酒などの液状食品が詰められ販売されている．牛乳200 mL容器で使われる三角錐のテトラパック，1Lの牛乳容器がゲーブルトップ型紙容器，LL牛乳によく使われる直方体のブリックス型紙容器，つゆやだしに使われる注ぎ口の付いたバッグインボックス（BIB）などがあり，それぞれ専用の無菌および無菌化充填装置が開発され，カートン包装システムとして多くの液状食品で利用されている．

練 習 問 題

次の文を読み，正しいものには○，誤っているものには×をつけなさい．
（1）ブリキ缶は，容器包装リサイクル法の対象外である．
（2）紙は防水性とヒートシール性がないため，プラスチック材料とラミネート化したものが，飲用乳や果汁飲料などの容器として使用されている． 🖙 重要
（3）セロハンは防湿性とヒートシール性が優れ，食品のひねり包装に使用されている．
（4）ポリエチレンはポリエチレンテレフタレート（PET）より気体遮断性が高い． 🖙 重要
（5）ポリエチレンテレフタレートは燃焼により，ダイオキシンが発生する． 🖙 重要
（6）ポリエチレンは，ポリ塩化ビニリデンに比べて耐熱性が劣る．
（7）ペットボトルは，ポリエチレンでつくられている．
（8）焼却炉でポリ塩化ビニルが不完全燃焼するとダイオキシンが発生する． 🖙 重要
（9）ポリエチレンテレフタレートは，熱硬化性樹脂である．
（10）フタル酸エステルは，ポリカーボネートの原料である．
（11）容器包装リサイクル法は包装容器の再利用を目的として，自治体と事業者の役割分担を定めた法律である． 🖙 重要

(12) 乾燥食品では，真空包装によるかび抑制効果がかなり期待できる．
(13) 窒素ガス置換包装で，窒素ガス中の酸素混入率が5％を超えると酸化防止効果が期待できなくなる．
(14) 空気中の炭酸ガス濃度が40〜50％になるとかび類は増殖できなくなる．

重要☞ (15) 脱酸素剤封入包装は，嫌気性細菌の生育抑制を目的として用いられる．

重要☞ (16) 無菌化包装とは，滅菌した食品を無菌の雰囲気下で，別に殺菌した包装容器に充てん包装し，常温下での長期保存や流通を可能にする技術である．

重要☞ (17) レトルト食品とは，JAS（日本農林規格）および食品衛生法において「容器包装詰加圧加熱殺菌食品」と定義されている．

(18) 冷蔵・冷凍流通の電子レンジ対応食品の包装容器は，価格が安いので，大半が炭酸カルシウムを混入したポリプロピレントレーである．
(19) 牛乳パックは，ラミネートされているのでリサイクルできない．
(20) 常温流通可能な米飯やLL牛乳には，窒素ガス充てん包装が使われている．

10 加工食品の規格と表示制度

10.1 規格，表示の必要性

前章まで述べてきたような食品加工および貯蔵法の発展により，今日，われわれの身の回りに多種多様な加工食品があふれるようになった．しかしながら，加工食品の外観からは製造者の顔やその品質，内容などが見えにくくなってきていることも事実で，消費者の加工食品に対するさまざまな不安をかき立てる一因ともなっている．

消費者と製造者間に一定の信頼関係を築くことは，複雑化した現代社会で加工食品が流通するための必須条件である．そこで消費者が安心して利用するために，加工食品の製造，流通，消費において，一定の規格を設け基準を示す必要がある．なおかつ，それらの内容を表示することで，その加工食品が，基準要件を満たしていることを消費者に知らせる必要がある．

現在，表10.1に示した各種法律などにより，食品の規格認定および品質表示が行われている．とくに，食品表示法は複数の法律に定められ，非常に複雑なものになっていた食品の表示に関してJAS法，食品衛生法および健康増進法の3法に係る規定を一元化し，事業者にも消費者にもわかりやすくしたもの（表10.2）である．この章では加工食品の規格と新ルール下での表示制度を解説する．

10.2 規格と表示に関する法律や制度
（1）農林物資の規格化等に関する法律

この法律は，一般的にはJAS（Japanese Agricultural Standard，日本農林規格）法として知られており，この法律に基づいて農林物資の規格認定（JAS規格制度）が行われている．

JAS規格制度とは，農林物資の品質改善，生産の合理化，取引きの単純公正化および消費の合理化を図るために，JAS規格に適合していると判定（格付）された食品にJASマーク（図10.1）の貼付を認める制度である．

飲食料品の品質に関するJAS規格は図の10.1に示すように平準化規格のも

規格と表示
現在，規格は，原料，材料，機械，器具，食品などの種類，特性，寸法，成分，試験方法などにおいて定められ，生産，流通，消費に必要な名称，種別，製造方法（製造基準），試験方法，記号，包装，内容物，製造年月日などが示されている．

農林物資
JAS法は，加工食品だけでなく農産物，林産物なども対象としているため，それらを包括したものが，農林物資である．しかし，酒類と薬事法により規定される医薬品，医薬部外品，化粧品は，JAS法の対象から外されている．

10章 加工食品の規格と表示制度

表 10.1 食品の規格と表示制度の概要

区分	制度の根拠	おもな目的(具体的な施策)	適用の範囲 長期保存加工食品	適用の範囲 短期保存加工食品	適用の範囲 生鮮品	備考(主な対象品目など)
法律	農林物資の規格化等に関する法律(JAS法)(農林水産省)	品質の保証(JAS規格合格品の認定)	○	○	○	農林物資62品目 うち飲食料品など38品目(JASマーク食品)
法律	食品表示法(消費者庁)	表示義務付けの目的と統一・拡大	○	○	○	一般消費者向けのすべての飲食料品(栄養機能食品,機能性表示食品を規定)
法律	食品衛生法(厚生労働省)	食品の安全性の確保	○	○	○	容器包装された加工食品,牛乳,乳製品
法律	健康増進法(厚生労働省)	国民の健康増進	○	○		特別用途食品(特定保健用食品を含む)
法律	不当景品類および不当表示防止法(消費者庁)	不当表示などの防止(公正競争規約の認定)	○	○	○	飲用乳,はちみつ,酒類など食品・飲料の表示に関する公正競争規約は44
法律	計量法(経済産業省)	適正な計量の確保	○	○	○	容器入りまたは包装食品
通達	地域食品認証制度(都道府県)	食品の品質の向上(地域食品認証基準)		○		豆腐,油揚げなど(ミニJASマーク食品)
通達	地域推奨品表示適正化認証制度(都道府県)	地域推奨品の品質表示の適正化推進(地域推奨品認証基準)	○	○	○	あんころ,海藻めんなど(3Eマーク食品)

長期:1か月以上の保存食品,短期:1か月未満の保存食品.

表 10.2 食品表示法の概要

法令	JAS法	食品衛生法	健康増進法	
目的	○農林物資の品質の改善 ○品質に関する適正な表示により消費者の選択に資する	○飲食に起因する衛生上の危害発生を防止	○栄養の改善その他の国民の健康の増進を図る	
表示関係	○製造業者が守るべき表示基準の策定 ○品質に関する表示の基準の遵守 等	○販売の用に供する食品等に関する表示についての基準の策定及び当該基準の遵守 等	○栄養表示基準の策定及び当該基準の遵守 等	→ 食品表示法に統合
表示関係以外	○日本農林規格(JAS規格)の制定 ○日本農林規格(JAS規格)による格付 等	○食品,添加物,容器包装等の規格基準の策定 ○都道府県知事による営業の許可 等	○基本方針の策定 ○国民健康・栄養調査の実施 ○特別用途食品に係る許可 等	→ 食品表示法施行後も各法律に残る

東京都福祉保健局 作,「食品表示法に関するパンフレット」(2015年3月発行)を一部改変.

10.2 規格と表示に関する法律や制度

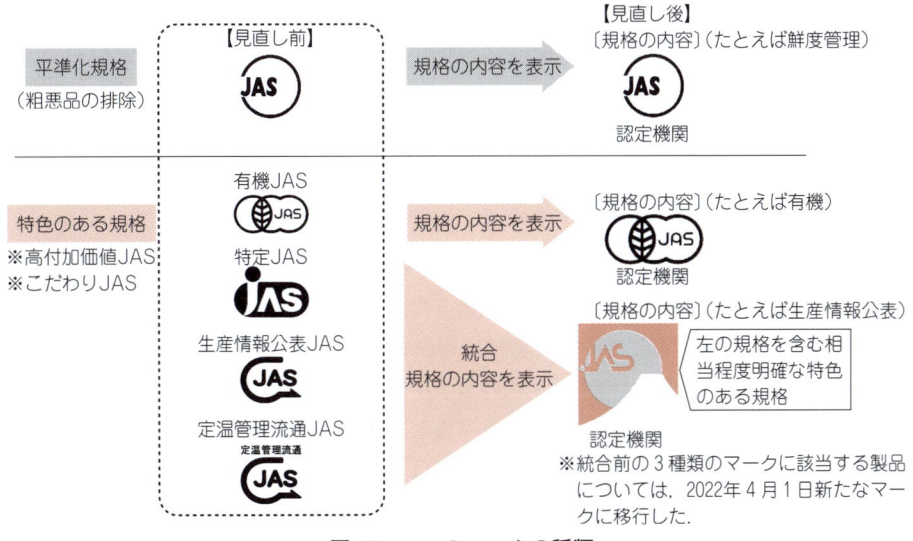

図10.1　JASマークの種類
2023年8月現在．https://www.maff.go.jp/j/jas/jas_kikaku/new_jaslogo.html を一部改変．

表10.3　JAS規格一覧飲食料品

番号	名称	番号	名称	番号	名称
1	農産物缶詰及び農産物瓶詰	19	異性化液糖及び砂糖混合異性化液糖（JAS 0208）	39	食用植物油脂
2	畜産物缶詰及び畜産物瓶詰	20	醸造酢（JAS 0801）	40	熟成ベーコン類
3	水産物缶詰及び水産物瓶詰	21	精製ラード（JAS 0988）	41	熟成ハム類
4	豆乳類	22	マーガリン類（JAS 0932）	42	熟成ソーセージ類
5	にんじんジュース及びにんじんミックスジュース	23	ショートニング（JAS 0989）	43	手延べ干しめん（JAS 1189）
6	ハンバーガーパティ	24	食用精製加工油脂（JAS 1424）	44	地鶏肉
7	チルドハンバーグステーキ（JAS 1016）	25	そしゃく配慮食品	45	人工種苗生産技術による水産養殖産品（JAS 0005）
8	チルドミートボール（JAS 1238）	26	果実飲料	46	障害者が生産行程に携わった食品（JAS 0010）
9	乾めん類（JAS 0911）	27	りんごストレートピュアジュース	47	持続可能性に配慮した鶏卵・鶏肉（JAS 0013）
10	即席めん	28	炭酸飲料	48	精米（JAS 0017）
11	植物性たん白（JAS 0838）	29	ベーコン類	49	大豆ミート食品類（JAS 0019）
12	パン粉（JAS 1491）	30	ハム類	50	プロバイオポニックス技術による養液栽培の農産物（JAS 0021）
13	農産物漬物（JAS 1752）	31	プレスハム	51	みそ（JAS 0022）
14	トマト加工品（JAS 1419）	32	ソーセージ	52	ベジタリアン又はヴィーガンに適した加工食品（JAS 0025）
15	ジャム類（JAS 0524）	33	マカロニ類（JAS 2633）	53	低たん白加工処理玄米の包装米飯（JAS 0027）
16	削りぶし（JAS 1122）	34	ドレッシング（JAS 0955）		
17	煮干魚類	35	風味調味料（JAS 0310）		
18	ぶどう糖（JAS 1412）	36	乾燥スープ（JAS 0602）		
		37	ウスターソース類		
		38	しょうゆ		

2023年8月現在．https://www.maff.go.jp/j/jas/jas_standard/index.html#inshoku

の（表10.3，1〜39）と特色のある規格のものとに分れる．

　有機JASマークは，第三者認証機関がほ場から収穫までの生産工程を検査して，国際基準〔**コーデックス**（国際農業食料機関と世界保健機関の合同組織）が決めた基準〕に準拠した厳しい規格に合格した農産物および有機農産物材料

Plus One Point

有機農産物の条件

1. たい肥等で土作りを行い，種まきまたは植え付けの前2年以上（果樹などの多年生作物は前3年以上），禁止された農薬や化学肥料を使用しない田畑で栽培する．
2. 遺伝子組換え技術を使用しない．
3. 栽培中も禁止された農薬，化学肥料は使用しない．

JASマークが貼付されるまで

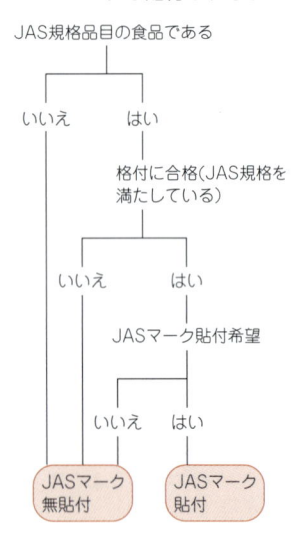

JAS規格品目の食品である
├─いいえ
└─はい
　格付に合格（JAS規格を満たしている）
　├─いいえ
　└─はい
　　JASマーク貼付希望
　　├─いいえ → JASマーク無貼付
　　└─はい → JASマーク貼付

表10.4　有機JAS

有機農産物	有機加工食品	有機飼料	有機畜産物	有機藻類（JAS 0018）

が95％以上占めている加工品のみに認められる（表10.4）．

　一方，特別な生産や製造方法，特色のある原材料を用いた製品に特定JASマークの貼付が認められていた（表10.3，40～47など）．また，トレーサビリティシステムの導入により「食卓から農場まで」顔の見える仕組みを整備することでその食品の生産情報（誰が，どこで，どのように生産したか）を消費者に正確に伝えていることを第三者機関が認定した場合生産情報公表JASマークの貼付が認められていた（生産情報公表牛肉，生産情報公表豚肉など）．さらに，製造から販売までの流通工程を一貫して一定の温度を保って流通させるという，流通の方法に特色がある加工食品（定温管理流通加工食品）に定温管理流通JASマークの貼付が認められていた．米飯を用いた弁当類（寿司，チャーハン等を含む）について認定を受けることができる（定温管理流通加工品）．これら特定・生産情報公表・定温管理流通JASマークは，図10.1に示した新たなマークに統合された．

　しかし，この制度は，製造者の自主性を重んじた制度で，検査を受けるかどうかは製造者の判断に任せられている．つまり，JAS規格が定められているもの（表10.3）を製造していても，必ずJASマークがついているとは限らないのが欠点である．

（2）食品表示法

　JAS法，食品衛生法および健康増進法の表示関係の規定を統合した（表10.2）もので，この法律により消費者が商品を選択する際にその品質・内容などについて判断するための必要な事項の表示を義務づけている．JAS規格による格付を受けないものでも，一般消費者向けのすべての飲食料品は，品質表示をしなければならない．

　食品の表示は，一括表示（義務），栄養成分表示（義務），機能性表示（保健機能食品に限る）からなり（図10.2），食品表示基準違反者に対しては，必要なときに違反者名を公表することが可能で，かつ指示を遵守すべき旨の命令に違反した場合，罰金が科される．一括表示事項は，1）品名（名称），2）原材料名（食品添加物を含む），3）内容量，4）消費期限または賞味期限，5）保存方法，6）製造業者または販売者の氏名，住所などを所定の様式に従って，1か所に表示することが決められている．一括表示の一例と旧法との変更点について図10.3に示す．

10.2 規格と表示に関する法律や制度

一括表示（義務）

名称	～
原材料名	～
添加物	～
内容量	～
賞味期限	～
保存方法	～
製造者	～

栄養成分表示（義務）

栄養成分表示
（100g当たり）

エネルギー	■kcal
たんぱく質	△g
脂質	●g
炭水化物	☆g
食塩相当量	▼g

「目の健康をサポートします」
「肝臓の働きを助ける」など，
健康の維持・増進効果等の機能をうたう表現

機能性表示
（保健機能食品に限る）

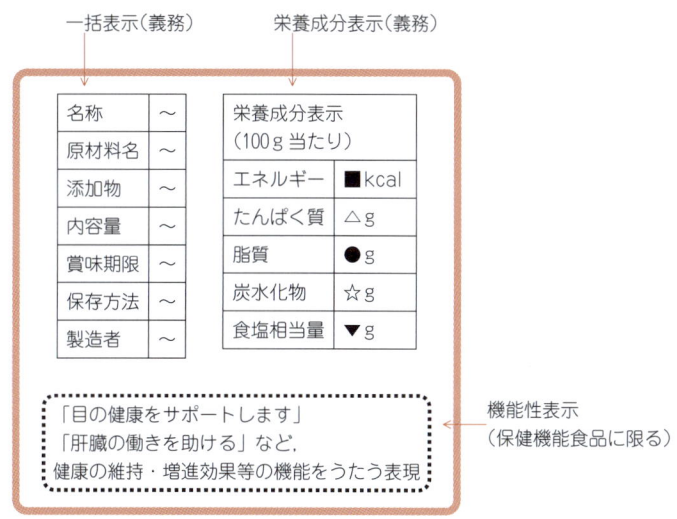

図10.2　食品表示法により一元化された表示
東京都福祉保健局 作，「食品表示法に関するパンフレット」（2015年3月発行）を一部改変．

名称	洋菓子
原材料名	小麦粉（アメリカ産，国産，その他），植物油脂，卵黄（卵を含む），砂糖，生クリーム（乳成分を含む），菜種（遺伝子組み換えでない），油脂加工品（大豆を含む）／加工でん粉，香料，ビタミンC
内容量	100g
賞味期限	欄外上部記載
保存方法	直射日光，高温多湿を避けてください
販売者	●●食品株式会社　東京都千代田区●●1の1の1

製造所　△△食品㈱　●●県●●市●区○町1の1

- 2か国以上の産地の原材料を混ぜて使用している場合は，多い順に国名が表示される
  原産地が3か国以上ある場合は，多い順に2か国を記載し，3か国目以降は「その他」とまとめて表示する
- アレルギー表示の特定加工食品の廃止により，生クリーム（乳成分を含む），マヨネーズ（卵を含む）の表記が必要になる
- アレルギー表示は個別表示が原則だが例外的に一括表示が可能．一括表示は全てのアレルゲンを表示（この場合は，最後に（一部に小麦，卵，乳成分，ごま，大豆を含む）となる
- 添加物以外の原材料と添加物を明確にするために，記号／（スラッシュ）で区分，改行で区切る，原材料と添加物を別欄に区分，事項名として添加物名を設けるなどで区分で表示
- 製造所固有記号のルールが変更．2以上の工場で製造していなければ使用不可になり，製造所を記載

図10.3　一括表示の一例と旧法との変更点
一般社団法人 日本青果物輸入安全推進協会 発行，「生鮮食品，加工食品，添加物それぞれの新基準」，菜果フォーラム，vol. 20，p. 7（2015）より一部改変．

　原材料名の項に関しては，すべての加工食品に，品名と1番多い原材料の産地または製造地の表示が義務づけられている．また，加工食品において，遺伝子組換えについての表示も義務づけられている．表示が義務づけられている農産物は，大豆（枝豆および大豆もやしを含む），トウモロコシ，ジャガイモ，菜種，綿実，アルファルファ，てん菜，パパイヤ，からしなで，加工食品は，これらの農産物をおもな原料とするものである．ただし，遺伝子組換え原材料が重量

131

10章 加工食品の規格と表示制度

表10.5 遺伝子組換え食品の表示方法

遺伝子組換え食品	表示方法	義務・任意
遺伝子組換え農産物が混ざっている農産物およびこれを原材料とする場合	遺伝子組換え不分別	義務表示
遺伝子組換え農産物およびこれを原材料とする場合	遺伝子組換え	
分別生産流通管理をして，意図せざる混入を5％以下に抑えている場合	適切に分別生産流通管理された旨の表示が可能	任意表示
分別生産流通管理をして，遺伝子組換えの混入がないと認められる場合	「遺伝子組換えでない」「非遺伝子組換え」などの表示が可能	

https://www.caa.go.jp/policies/policy/food_labeling/quality/genetically_modified/assets/food_labeling_cms202_220329_01.pdf を改変.

Plus One Point

原材料が遺伝子組換え農産物でも表示義務がない？

油やしょうゆ，コーンフレーク，砂糖など，組み換えられたDNAおよびこれによって生じたたんぱく質が加工工程で除去・分解され，広く認められた最新の検出技術によってもその検出が不可能とされている加工食品については，遺伝子組換えに関する表示義務はない．これは，非遺伝子組換え農産物から製造した油やしょうゆと科学的に品質上の差異がないことによる．ただし，任意で表示することは可能 (http://www.caa.go.jp/foods/pdf/syokuhin244.pdf より一部改変).

の5％を超え，原材料の上位三位までに入っているものに限られる．表示方法と表示例をそれぞれ表10.5と図10.3に示した．なお，添加物は，添加物以外の原材料と明確に区別するために／（スラッシュ）で分けて表示される（図10.3）．

次に，アレルギー症状をひき起こすおそれのある食品のうち，卵（食用鳥卵が対象），乳・乳製品（チーズやバターを含む），小麦，そば，落花生，えび，かに，くるみの八品目を原材料（特定原材料と言う）に使った加工食品のみ，これらの名前を表記する（微量の場合でも「エキス含有」や「5％未満」などと表示）．しかし，大豆，鯖などの原材料20品目は，表示を奨励するにとどまっている．表示例は，図10.3参照．

食品の日付表示は，消費期限または賞味期限で表示している．一般的に品質の劣化が早く，おおむね製造年月日も含めて5日以内に消費すべき食品（弁当，調理パン，総菜，生菓子，食肉など）には消費期限が，品質の劣化が比較的遅い食品（清涼飲料水，即席めん類，冷凍食品，ハム・ソーセージ，牛乳など）には，賞味期限が表示される．両者の関係を図10.4に示す．

なお，この法律により栄養機能食品と機能性表示食品が規定されている．

食品添加物の表示

a．原則として物質名を表示 物質名は化学名であることが多く，一般になじみがないことから，L-アスコルビン酸（化学名）でなくビタミンCやV.C（簡略名）の表示が可能．

b．用途名の併記 保存料，酸化防止剤などの用途で使用される添加物は，用途名も併記する〔例：保存料（ソルビン酸Na），酸化防止剤（V.C），着色料（うこん）など〕．

c．一括名の表示 調味料や香辛料などは，何種類の物質を含む場合が多く，すべての物質名を表示することは困難である．そこで「調味料（アミノ酸等）」といった表示が認められている．

d．添加物表示の免除 1. 栄養強化の目的で使用される添加物．2. 食品加工の際に使用される添加物で，食品の完成前に除去されたり，ごく微量しか残らない，あるいは，添加により食品の成分量を明らかに増加させず，食品に影響を与えないもの（加工助剤）．3. キャリーオーバー．たとえば，安息香酸（保存料）が使用されているしょうゆをせんべいの表面に塗って味付けした場合，この使用量からはせんべいの保存効果を期待できるほどの含量が存在しないと確認されたときキャリーオーバーと見なされ表示が免除される（表示例は図10.3参照）．

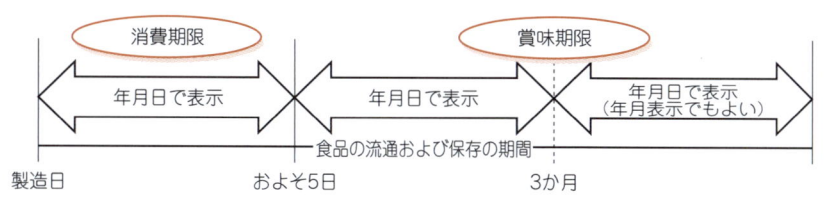

図10.4 消費期限と賞味期限

厚生省生活衛生局食品保健課・乳肉衛生課 監，「食品の新しい日付け表示制度―Q&A，関係法令通知・資料―」，中央法規(1995)，p.14より一部改変．

消費期限と賞味期限

	消費期限	賞味期限
意味	安全を担保 期間を過ぎたら食中毒の危険(期限を越えると危険)	品質を担保 おいしく食べられる期間(期限を越えても無害)
決定法	主として微生物検査	主として官能評価

(3) 食品衛生法

食品衛生法は，公衆衛生の立場から食品の安全性の確保(食品による食中毒・伝染病・事故などの防止)を目的に定められた法律である．そのために加工食品の製造基準を示し，食品の生産，流通，製造および加工工程，販売などにおいてさまざまな衛生対策を課している．食品衛生法が適用される食品もしくは食品添加物を表10.6に示す．なお，飲用乳や乳製品の品質規格については食品衛生法でも規定されているが，おもに乳および乳製品の成分規格等に関する厚生労働省令(乳等省令)により表10.7に示す各品目について規定されている．

(4) 健康増進法

国民の健康増進を目的として定められた法律で，特別用途食品(特定保健用食品を含む)を規定している．特別用途食品は，病者用，妊産婦用，乳児用など特別の用途に適する食品群から成り，消費者庁長官の許可のもと，右に示すマークが表示されている(特定保健用食品を除く)．

(5) 保健機能食品制度

保健機能食品制度により保健機能食品が設定されている．この食品は，いわゆる健康食品のうち定められた表示基準や規格基準など，一定の要件を満たしたもので特定保健用食品，栄養機能食品と機能性表示食品から成る(図10.5, p.135)．

(a) 特定保健用食品

特定保健用食品は，特別用途食品に含まれ(図10.6, p.136)「食生活において特定の保健の目的」が期待できる食品で，元来個別評価型(消費者庁へ許可申請をしなければならない)である．許可された食品には許可マークが表示されており，コーデックス規格(国際規格)の定める健康強調表示のうち高度機能強調表示(日本では，保健用途表示)および疾病危険要因(リスク)低減表示(p.135欄外参照)が可能である．特定保健用食品の保健用途表示許可内容および表示例，種類をそれぞれ表10.8および10.9，10.10にまとめた(p.136, 137参照)．

(b) 栄養機能食品

栄養機能食品は，規格基準型(消費者庁への許可申請が不要)で，当該栄養成分が規格基準(表10.11, p.138)に合致していれば自由に，製造，販売することができる．ただし，「身体の健全な成長，発達，健康の維持に必要な栄養成分の

特別用途食品のマーク

表 10.6 食品衛生法により規定されている品目

	品 名	
1	マーガリン	
2	酒精飲料（1% vol 以上のアルコールを含有するもの）	
3	清涼飲料水	冷凍果実飲料 原料用果汁 ミネラルウォーター その他の清涼飲料水
4	食肉製品	
5	魚肉ハムおよび魚肉ソーセージ 鯨肉ベーコンの類	
6	シアン化合物を含有する豆類	
7	冷凍食品	切り身，むき身の鮮魚介類（生かきを除く） その他の冷凍食品
8	放射線照射食品	
9	容器包装詰加圧加熱殺菌食品	
10	鶏の卵	
11	容器包装に入れられた食品（前各号に掲げるものを除く）であって右に掲げるもの	食肉 生かき 魚肉ねり製品 即席めん類 生めん類，弁当，調理パン，総菜，生菓子 その他の加工食品 かんきつ類，バナナ
12	大豆，トウモロコシ，ジャガイモ，菜種，綿実，アルファルファ，てん菜およびこれを原材料とする加工食品（当該加工食品を原材料とするものを含む）	
13	保健機能食品	
14	添加物	

食品衛生法施行規則別表第3より一部改変．

表 10.7 乳等省令により規定されている品目

No.	品 目	
1	生乳，生山羊乳および生めん羊乳	
2	乳（生乳，生山羊乳および生めん羊乳を除く）	牛乳，特別牛乳，生山羊乳，殺菌山羊乳，生めん羊乳，成分調整牛乳，低脂肪牛乳，無脂肪牛乳，加工乳
3	乳製品	クリーム，バター，バターオイル，チーズ，濃縮ホエー，アイスクリーム類，濃縮乳，脱脂濃縮乳，無糖練乳，無糖脱脂練乳，加糖練乳，加糖脱脂練乳，全粉乳，脱脂粉乳，クリームパウダー，ホエーパウダー，たんぱく質濃縮ホエーパウダー，バターミルクパウダー，加糖粉乳，調製粉乳，発酵乳，乳酸菌飲料（無脂乳固形分3.0%以上），乳飲料
4	乳または乳製品を主要原料とする食品	上記1～3の定義に当てはまらないもの

小川正，的場輝佳 編，「新しい食品加工学—食品の保存・加工・流通と栄養」，南江堂(2011)，p.185.

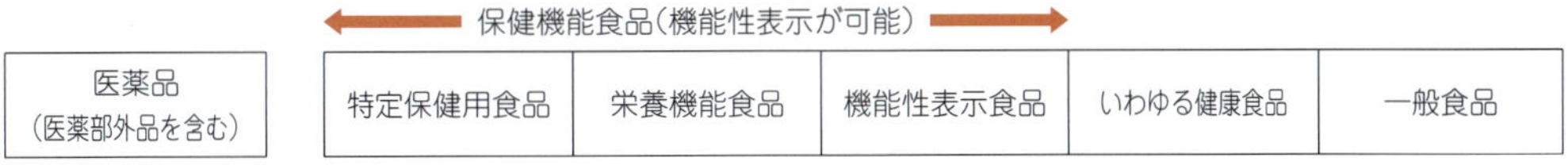

10.2 規格と表示に関する法律や制度

	特定保健用食品	栄養機能食品	機能性表示食品
制度	個別評価型（国が安全性，有効性確認）（規格基準型のものもある）	規格基準型（自己認証）	届出型（一定要件を満たせば事業者責任で表示）
表示	国が決めた保健用途表示，疾病危険要因（リスク）低減表示 例）おなかの調子を整える	国が決めた栄養機能表示 例）カルシウムは骨や歯の形成に必要な栄養素です	事業者責任で構造・機能表示（基本的には保健用途表示にあたらない） 例）目の健康をサポート
対象成分	食物繊維（難消化デキストリン等），オリゴ糖，茶カテキン，ビフィズス菌，各種乳酸菌など多種類	ビタミン13種，ミネラル6種，n-3系脂肪酸	ビタミン・ミネラルや成分特定できないものは除く，定量及び定性確認が可能で作用機序が明確なもの
対象食品	加工食品（サプリメント形状の食品はほとんど許可されていない）	加工食品，錠剤カプセル形状食品，生鮮食品	生鮮食品，加工食品，サプリメント形状の加工食品
マーク	あり	なし	なし

図 10.5　保健機能食品等の名称および分類

一般社団法人 日本青果物輸入安全推進協会 発行，「生鮮食品，加工食品，添加物それぞれの新基準」，菜果フォーラム，vol. 20，p.8（2015）より一部改変．

補給・補完」を目的としているため，1日当たりの摂取目安量に含まれる栄養成分量は，各栄養素の上・下限値の範囲内でなければならない．マークはない．コーデックス規格の定める健康強調表示のうち栄養素機能強調表示（日本では栄養機能表示）（欄外参照）が許されている．なお，法令上の位置づけを図10.6に示す．

(c) 機能性表示食品

事業者の責任において，科学的根拠に基づいた機能性を表示した食品．販売前に安全性及び機能性の根拠に関する情報などが消費者庁長官へ届け出られたものである．ただし，特定保健用食品とは異なり，消費者庁長官の個別の許可を受けたものではない．表示しようとする機能性の科学的根拠を説明する資料として

ⅰ）最終製品を用いた臨床試験（ヒトが実際に摂取した実験の研究成果を論文にしたもの）を用いた場合は，「○○に役立ちます」「○○の機能があります」と表示できる．

ⅱ）最終製品または機能性関与成分に関する研究レビュー（臨床試験は行わず，すでに行われた複数の研究論文レビューした結果を用いる）のいずれか一つを用意したものは，「○○役立つことが，報告されています．」「○○の機能があることが報告されています」と表示できる．

コーデックス規格の定める健康強調表示

栄養素機能強調表示（日本では栄養機能表示）：身体の成長，発達，正常な機能に対する栄養素の生理的な役割を示す．例：カルシウムは，強い骨や歯の発達を助ける．栄養機能食品に表示が許されている．

高度機能強調表示（日本では保健用途表示）：食品の成分が，保健の用途・効果をもつことを示す．例：本品は食生活で不足しがちな食物繊維が摂れ，おなかの調子を整える飲料です．（特定保健用食品の例）

特定保健用食品・機能性表示食品に表示が許されている．

消費者庁では，特定保健用食品は食品自身が機能を発揮する，機能性表示食品は含まれる成分が機能を発揮するとしている．

疾病危険要因（リスク）低減表示：食品成分が疾病のリスク低減と関係があることを示す．特定保健用食品に「葉酸の神経管閉鎖障害」，「カルシウムと骨粗鬆症」と「DHA，IPAと心血管疾患」に限定して表示が認められている．

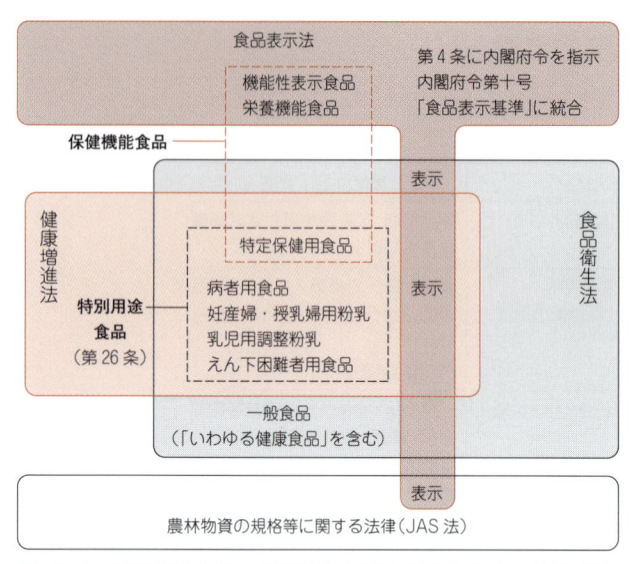

10章 加工食品の規格と表示制度

図10.6 保健機能食品，特別用途食品などの法令上の位置づけ
細谷圭助（小西洋太郎ほか編），『食品学各論 第3版』＜栄養科学シリーズNEXT＞，講談社（2016），p.161.

表10.8 特定保健用食品の保健用途表示許可内容

1. おなかの調子を整える食品
2. コレステロールが高めの方の食品
3. コレステロールが高めの方，おなかの調子を整える食品
4. 血圧が高めの方の食品
5. ミネラルの吸収を助ける食品
6. ミネラルの吸収を助け，おなかの調子を整える食品
7. 骨の健康が気になる方の食品
8. むし歯の原因になりにくい食品と歯を丈夫で健康にする食品
9. 血糖値が気になり始めた方の食品
10. 血中中性脂肪や体脂肪が気になる方の食品
11. 血中中性脂肪と体脂肪が気になる方の食品
12. 血糖値と血中中性脂肪が気になる方の食品
13. 体脂肪が気になる方，コレステロールが高めの方の食品
14. 肌が乾燥しがちな方の食品

http://www.jhnfa.org/tokuho.html より一部改変.

表10.9 特定保健用食品の保健用途の表示例

1) 容易に測定可能な体調の指標の維持及び改善 （自分で測定できる指標あるいは健康診断で測定する指標）	
認められる表示	認められない表示
●血圧（血糖値，中性脂肪，コレステロール）を正常に保つことを助ける食品です ●体脂肪の分解を促進する食品です．体脂肪の増加を抑制する食品です	（直接症状，疾病の改善につながる体調の指標） ●高血圧症（高血圧）を改善する食品です

2) 身体の生理機能・組織機能を良好に維持または改善	
認められる表示	認められない表示
●便通（お通じ）を良好にする（の改善に役立つ）食品です ●カルシウムの吸収（沈着）を高める（促進する）食品です	（明らかに疾病の改善に関係する） ●解毒作用，脂質代謝促進の効果のある食品です

3) 身体の状態を本人が自覚でき，一時的であって継続的・慢性的でない体調の変化の改善	
認められる表示	認められない表示
●肉体疲労を感じる方に適した（役立つ）食品です	（科学的根拠が不明確） ●老化防止に役立つ食品です

http://www.pref.kyoto.jp/shoku-kawaraban/tokutei01.html を改変.

　　　　　対象は，食品全般（アルコール含有飲料などは除く）および加工食品だけでなく野菜・魚などの生鮮食品にも認められている．なお，法令上の位置づけを図10.6に示す．

(6) 栄養表示基準制度

　栄養表示基準制度は，販売する食品に栄養成分や熱量について表示をしようとする場合，その栄養成分・熱量だけでなく，国民の栄養摂取上重要な栄養成

10.2 規格と表示に関する法律や制度

表 10.10 特定保健用食品の種類

許可マーク	名称	許可用件など
（消費者庁許可 特定保健用食品マーク）	特定保健用食品	生活習慣病の『危険要因(リスク)の低減・除去』に対して有効性が科学的試験により認められた食品で，薬にのみ認めていた効用を「保健の用途・効果」として表示することを消費者庁が許可したもの．現在，錠剤など形態をした食品も認可対象としている
	特定保健用食品〔疾病危険要因(リスク)低減表示〕	関与成分の疾病リスク低減効果が，医学的栄養学的に確立されている場合，疾病リスク低減表示を認めた特定保健用食品
	特定保健用食品(規格基準型)	許可実績が十分あるなど科学的根拠が蓄積されており，事務局審査が可能な食品について，規格基準を定め消費者委員会の個別審査なく許可する特定保健用食品
（消費者庁許可 条件付き特定保健用食品マーク）	条件付き特定保健用食品	有効性の科学的根拠が，通常の特定保健用食品に届かないものの，一定の有効性が確認されている食品を，限定的な科学的根拠である旨の表示をすることを条件として許可する．許可表示「○○を含んでおり，根拠は必ずしも確立されていませんが，△△に適している可能性がある食品です．」

分についても表示することを義務づけた制度である．このことから，図 10.2 (p.131) および 10.7 (p.139) に示すように栄養成分表示は，熱量と主要な栄養成分 (たんぱく質，脂質，炭水化物，食塩相当量) の含有量の表示 (栄養成分含有表示) となる．さらに各成分において基準値を設け (表 10.12, p.140)，ある食品について，それ以上であれば「高」や「源」などの表示を，また，基準値以下の含有量であるなら「ゼロ」や「低」などの強調表示 (絶対表示) が可能である．また，他の食品と比べて栄養成分などの量の割合を表 10.12 の「強化または低減された旨の表示の基準値」以上に増減させた場合，「アップ」「カット」などの強調表示 (相対表示) が可能である．

(7) その他
(a) 不当景品類および不当表示防止法 (景表法)
一般消費者を保護するために，不当表示 (誇大・虚偽などの表示) を規制し，不正な商品の販売を禁止することで，公正な取引きを確保することを目的として定められた法律．この法律に基づいて各業界では，自主規制による公正競争規約を締結している．この規約は，消費者庁長官および業界の自主規制機関である公正取引委員会などにより運営され，拘束力がある．右に，乳飲料とはちみつ類の公正マークを示す．

(b) 計量法
計量の基準を定め，計量を正確に行うように定めた法律．政令で指定された消費関連物資 (食肉，野菜，魚介類など) について，一定の誤差範囲内での計量を義務づけている．容器や包装により密封して販売するときには，正味量の表示も義務づけている．

(c) 地域食品認証制度
ミニ JAS 制度ともよばれている．豆腐や油揚げ，こんにゃくやかまぼこな

乳飲料の公正マーク

はちみつ類の公正マーク

地域食品認証 (ミニ JAS) マーク

ふるさと認証食品マーク

表 10.11 栄養機能食品の規格基準

栄養成分		1日当たりの摂取目安量に含まれる栄養成分量		栄養機能表示	注意喚起表示
		下限値	上限値		
n-3系脂肪酸		0.6g	2.0g	n-3系脂肪酸は皮膚の健康維持を助ける栄養素です	本品は、多量摂取により疾病が治癒したり、より健康が増進するものではありません 1日の摂取目安量を守ってください
ミネラル（6種類）	亜鉛	2.10mg	15mg	亜鉛は、味覚を正常に保つのに必要な栄養素です 亜鉛は、皮膚や粘膜の健康維持を助ける栄養素です 亜鉛は、たんぱく質・核酸の代謝に関与して、健康の維持に役立つ栄養素です	本品は、多量摂取により疾病が治癒したり、より健康が増進するものではありません、亜鉛の摂りすぎは、銅の吸収を阻害するおそれがありますので、過剰摂取にならないよう注意してください．1日の摂取目安量を守ってください．乳幼児・小児は本品の摂取を避けてください
	カリウム	840mg	2,800mg	カリウムは正常な血圧を保つのに必要な栄養素です	本品は、多量摂取により疾病が治癒したり、より健康が増進するものではありません 1日の摂取目安量を守ってください 腎機能が低下している方は本品の摂取を避けてください
	カルシウム	210mg	600mg	カルシウムは、骨や歯の形成に必要な栄養素です	本品は、多量摂取により疾病が治癒したり、より健康が増進するものではありません. 1日の摂取目安量を守ってください
	鉄	2.25mg	10mg	鉄は、赤血球を作るのに必要な栄養素です	
	銅	0.18mg	6mg	銅は、赤血球の形成を助ける栄養素です 銅は、多くの体内酵素の正常な働きと骨の形成を助ける栄養素です	本品は、多量摂取により疾病が治癒したり、より健康が増進するものではありません 1日の摂取目安量を守ってください．乳幼児・小児は本品の摂取を避けてください
	マグネシウム	75mg	300mg	マグネシウムは、骨や歯の形成に必要な栄養素です マグネシウムは、多くの体内酵素の正常な働きとエネルギー産生を助けるとともに、血液循環を正常に保つのに必要な栄養素です	本品は、多量摂取により疾病が治癒したり、より健康が増進するものではありません. 多量に摂取すると軟便（下痢）になることがあります．1日の摂取目安量を守ってください．乳幼児・小児は本品の摂取を避けてください
ビタミン（13種類）	ナイアシン	3.3mg	60mg	ナイアシンは、皮膚や粘膜の健康維持を助ける栄養素です	本品は、多量摂取により疾病が治癒したり、より健康が増進するものではありません 1日の摂取目安量を守ってください
	パントテン酸	1.65mg	30mg	パントテン酸は、皮膚や粘膜の健康維持を助ける栄養素です	
	ビオチン	14μg	500μg	ビオチンは、皮膚や粘膜の健康維持を助ける栄養素です	
	ビタミンA 注）	135μg	600μg	ビタミンAは、夜間の視力の維持を助ける栄養素です	本品は、多量摂取により疾病が治癒したり、より健康が増進するものではありません. 1日の摂取目安量を守ってください. 妊娠3か月以内または妊娠を希望する女性は過剰摂取にならないよう注意してください
		(450IU)	(2,000IU)	ビタミンAは、皮膚や粘膜の健康維持を助ける栄養素です	
	ビタミンB₁	0.30mg	25mg	ビタミンB₁は、炭水化物からのエネルギー産生と皮膚や粘膜の健康維持を助ける栄養素です	本品は、多量摂取により疾病が治癒したり、より健康が増進するものではありません 1日の摂取目安量を守ってください
	ビタミンB₂	0.33mg	12mg	ビタミンB₂は、皮膚や粘膜の健康維持を助ける栄養素です	

ビタミンB₆	0.30 mg	10 mg	ビタミンB₆は，たんぱく質からのエネルギーの産生と皮膚や粘膜の健康維持を助ける栄養素です	
ビタミンB₁₂	0.60 μg	60 μg	ビタミンB₁₂は，赤血球の形成を助ける栄養素です	
ビタミンC	24 mg	1,000 mg	ビタミンCは，皮膚や粘膜の健康維持を助けるとともに，抗酸化作用を持つ栄養素です	
ビタミンD	1.50 μg (60 IU)	5.0 μg (200 IU)	ビタミンDは，腸管でのカルシウムの吸収を促進し，骨の形成を助ける栄養素です	
ビタミンE	2.4 mg	150 mg	ビタミンEは，抗酸化作用により，体内の脂質を酸化から守り，細胞の健康維持を助ける栄養素です	
ビタミンK	45 μg	150 μg	ビタミンKは，正常な血液凝固能を維持する栄養素です	本品は，多量摂取により疾病が治癒したり，より健康が増進するものではありません 1日の摂取目安量を守ってください 血液凝固阻止薬を服用している方は本品の摂取を避けてください
葉酸	60 μg	200 μg	葉酸は，赤血球の形成を助ける栄養素です 葉酸は，胎児の正常な発育に寄与する栄養素です	本品は，多量摂取により疾病が治癒したり，より健康が増進するものではありません．1日の摂取目安量を守ってください 葉酸は，胎児の正常な発育に寄与する栄養素ですが，多量摂取により胎児の発育が良くなるものではありません

注）ビタミンAの前駆体であるβ-カロテンについては，ビタミンA源の栄養機能食品として認めるが，その場合の上限値は7,200 μg，下限値1,620 μgとする．また，ビタミンAの前駆体であるβ-カロテンについては，ビタミンAと同様の栄養機能表示を認める．この場合，「妊娠3か月以内または妊娠を希望する女性は過剰摂取にならないように注意してください．」旨の注意喚起表示は，不要とする．
http://www.caa.go.jp/foods/pdf/syokuhin89.pdf より一部改変

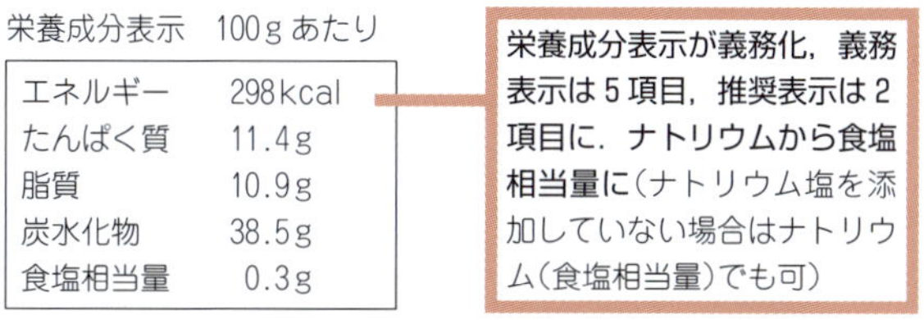

栄養成分表示　100 g あたり

エネルギー	298 kcal
たんぱく質	11.4 g
脂質	10.9 g
炭水化物	38.5 g
食塩相当量	0.3 g

栄養成分表示が義務化，義務表示は5項目，推奨表示は2項目に．ナトリウムから食塩相当量に（ナトリウム塩を添加していない場合はナトリウム（食塩相当量）でも可）

図 10.7　栄養成分表示の一例と旧法との変更点
一般社団法人 日本青果物輸入安全推進協会 発行，「生鮮食品，加工食品，添加物それぞれの新基準」，菜果フォーラム，vol. 20, p. 7（2015）より一部改変．

どの食品は，地域的に生産・流通・消費されており，また，それらの包装形体や保存性などの面から，全国規模のJAS規格になじまないものが多い．そこで，都道府県では，農林水産省が定めた「地域食品認証基準作成準則」に基づいて「地域食品認証基準」を作成し，その地域に合った基準を定め，検査に合格した食品に対して認証マークを付している．近年，いくつかの県では廃止されて来ている．

（d）地域推奨品表示適正化認証制度

ふるさと認証食品制度ともよばれている．地元の原材料を用い，特別な生

表10.12 栄養表示における強調表示の基準

栄養成分	[高い旨の表示の基準値] 高い旨の表示をする場合は，次のいずれかの基準値以上であること [高，多，豊富，その他これに類する表示]		[含む旨の表示の基準値] 含む旨の表示をする場合は，次のいずれかの基準値以上であること [源，供給，含有，入り，使用，添加，その他これに類する表示]		[強化された旨の表示の基準値] 強化された旨の表示をする場合は，次のいずれかの基準値以上であること [◇◇g(%)強化，増，アップ，プラス等，その他これに類する表示]
					強化された旨の表示をする場合 (たんぱく質，食物繊維) ・「含む旨」の基準値以上の絶対差があること ・25％以上の相対差があること
					(ミネラル類(ナトリウムを除く)，ビタミン類) ・栄養素等表示基準値の10％以上の絶対差(固体と液体の区別なし)があること
	食品100g当たり（　）内は，一般に飲用に供する液状の食品100mL当たりの場合	100kcal当たり	食品100g当たり（　）内は，一般に飲用に供する液状の食品100mL当たりの場合	100kcal当たり	食品100g当たり（　）内は，一般に飲用に供する液状の食品100mL当たりの場合
たんぱく質	16.2g(8.1g)	8.1g	8.1g(4.1g)	4.1g	8.1g(4.1g)
食物繊維	6g(3g)	3g	3g(1.5g)	1.5g	3g(1.5g)
亜鉛	2.64mg(1.32mg)	0.88mg	1.32mg(0.66mg)	0.44mg	0.88mg(0.88mg)
カリウム	840mg(420mg)	280mg	420mg(210mg)	140mg	280mg(280mg)
カルシウム	204mg(102mg)	68mg	102mg(51mg)	34mg	68mg(68mg)
鉄	2.04mg(1.02mg)	0.68mg	1.02mg(0.51mg)	0.34mg	0.68mg(0.68mg)
銅	0.27mg(0.14mg)	0.09mg	0.14mg(0.07mg)	0.05mg	0.09mg(0.09mg)
マグネシウム	96mg(48mg)	32mg	48mg(24mg)	16mg	32mg(32mg)
ナイアシン	3.9mg(1.95mg)	1.3mg	1.95mg(0.98mg)	0.65mg	1.3mg(1.3mg)
パントテン酸	1.44mg(0.72mg)	0.48mg	0.72mg(0.36mg)	0.24mg	0.48mg(0.48mg)
ビオチン	15μg(7.5μg)	5μg	7.5μg(3.8μg)	2.5μg	5μg(5μg)
ビタミンA	231μg(116μg)	77μg	116μg(58μg)	39μg	77μg(77μg)
ビタミンB_1	0.36mg(0.18mg)	0.12mg	0.18mg(0.09mg)	0.06mg	0.12mg(0.12mg)
ビタミンB_2	0.42mg(0.21mg)	0.14mg	0.21mg(0.11mg)	0.07mg	0.14mg(0.14mg)
ビタミンB_6	0.39mg(0.20mg)	0.13mg	0.20mg(0.10mg)	0.07mg	0.13mg(0.13mg)
ビタミンB_{12}	0.72μg(0.36μg)	0.24μg	0.36μg(0.18μg)	0.12μg	0.24μg(0.24μg)
ビタミンC	30mg(15mg)	10mg	15mg(7.5mg)	5mg	10mg(10mg)
ビタミンD	1.65μg(0.83μg)	0.55μg	0.83μg(0.41μg)	0.28μg	0.55μg(0.55μg)
ビタミンE	1.89mg(0.95mg)	0.63mg	0.95mg(0.47mg)	0.32mg	0.63mg(0.63mg)
ビタミンK	45μg(22.5μg)	30μg	22.5μg(11.3μg)	7.5μg	15μg(15μg)
葉酸	72μg(36μg)	24μg	36μg(18μg)	12μg	24μg(24μg)
	[含まない旨の表示の基準値] 含まない旨の表示をする場合は，次のいずれかの基準値以下であること [無，ゼロ，ノン，その他これに類する表示] この基準値より値が小さければ「0」と表示可能		[低い旨の表示の基準値] 低い旨の表示をする場合は，次のいずれかの基準値以下であること [低，ひかえめ，少，ライト，ダイエット，その他これに類する表示]		[低減された旨の表示の基準値] ～より低減された旨の表示をする場合は，次のいずれかの基準値以上減少し，なおかつ25％以上の相対差があること [◇◇g(%)減，オフ，カット等，その他これに類する表示]
	食品100g当たりの場合	一般に飲用に供する液状での食品100mL当たりの場合	食品100g当たりの場合	一般に飲用に供する液状での食品100mL当たりの場合	食品100g当たり（　）内は，一般に飲用に供する液状の食品100mL当たりの場合
熱量	5kcal	5kcal	40kcal	20kcal	40kcal(20kcal)

脂質	0.5g	0.5g	3g	1.5g	3g(1.5g)
飽和脂肪酸	0.1g	0.1g	1.5g ただし，当該食品の熱量のうち飽和脂肪酸に由来するものが当該食品の熱量の10％以下であるものに限る	0.75g	1.5g(0.75g)
コレステロール	5mg	5mg	20mg	10mg	20mg(10mg)
	ただし，飽和脂肪酸の量が1.5g/食品100g(0.75g/食品100mL)未満であって当該食品の熱量のうち飽和脂肪酸に由来するものが当該食品の熱量の10％未満のものに限る				ただし，飽和脂肪酸の量が当該他の食品に比べて低減された量が1.5g(0.75g)以上のものに限る
糖類	0.5g	0.5g	5g	2.5g	5g(2.5g)
ナトリウム	5mg	5mg	120mg	120mg	120mg(120mg)

注) ドレッシングタイプ調味料(いわゆるノンオイルドレッシング)について，脂質を含まない旨の表示については「0.5g」を当分の間「3g」とする.
http://www.caa.go.jp/foods/pdf/syokuhin90.pdf より一部改変

産・製造法により生産された地域特産品のうち，都道府県が定めた一定の基準(認定基準)に適合した食品について，全国統一マークを付し，ふるさと認証食品を認定している．

(e) **容器包装リサイクル法**

この法律は，ゴミ処理の役割分担として，消費者には分別排出を，自治体には分別収集を，容器包装材を使う事業者にはリサイクルの責任を義務づけている．また，消費者のゴミ分別が容易に行えるよう材質の表示(図10.8)も義務づけている．

図10.8 材質識別マークのいろいろ
表10.3と同掲書，p.41より．

練 習 問 題

次の文を読み，正しいものには○，誤っているものには×をつけなさい．

（1）JAS 規格に定められている品目はすべて検査を受け合格し，JAS マークを添付しなければならない．

（2）定温管理流通 JAS マークは，生産の方法についての JAS 規格の一つである．

（3）一括表示事項は，品名，原材料（食品添加物を含む）名，内容量，製造年月日，製造業者または販売者の氏名，住所などからなる．

重要 ☞ （4）製造工程で使用された食品添加物は，食品に残存していなくても表示義務がある．

（5）遺伝子組換えでない農産物およびこれを原材料とした場合，「遺伝子組み換えでないものを分別」と表示しなければならない．

（6）遺伝子組換え大豆を原料に製造されたしょうゆには，遺伝子組換えの表示義務がある．

（7）飲用乳や乳製品の品質規格については，乳等省令によっておもに規定されている．

重要 ☞ （8）アレルギー症状をひき起こす恐れのある食品のうち，卵，乳・乳製品（チーズやバターを含む），小麦，そば，大豆の五品目を原料に使った加工食品のみ，これらの名前を表記しなければならない．

（9）さばを原料とする食品は，アレルギー表示を奨励されている．

重要 ☞ （10）一般に品質劣化が早く，製造年月日を除いておおむね 5 日以内に消費すべき食品には，消費期限が付されている．

（11）消費期限を越えた食品は，食中毒の危険性がある．

（12）特別用途食品の総合栄養食品は，えん下困難者用食品の一つである．

（13）特定保健用食品は，当初，錠剤などの形態をした食品は対象外であったが，現在は，認められている．

（14）特定保健用食品は，病気を予防することに関する表示が，許可されている．

（15）特定保健用食品は規格基準型であるが，栄養機能食品は個別評価型の保健機能食品である．

重要 ☞ （16）栄養機能表示ができるミネラル類は，亜鉛，カリウム，カルシウム，鉄，銅およびマグネシウムである．

重要 ☞ （17）「ビタミン C は，抗酸化作用により，体内の脂質を酸化から守り，細胞の健康維持を助ける栄養素です」は，栄養機能食品の栄養成分機能表示として，正しい．

（18）健康増進法で規定されている栄養表示基準では，基準値より多く含む成分について「豊富」とか「高」の表示をしてもよいことになっている．これは，絶対表示とよばれる．

重要 ☞ （19）機能性表示食品は，機能性と安全性の判断を企業に任せている．

（20）誇大な広告により不正に商品を販売することがないように，JAS 法により規制されている．

11 加工食品と食品衛生

11.1 加工食品の安全性

　食物は，われわれの生命と健康を保つために必要な栄養源であるが，万一，その中に有毒物が含まれていたり，有害な病原体が付着していたり，あるいは腐敗・変質が起こっていたりした場合は，われわれの生命を脅かすことがある．食品衛生は，このような不測の事態を防止し，われわれの食生活の安全をはかることを目的としたものである．食品の加工技術も，衛生的な安全性を高めることを目的の一つとして発達してきたものであるが，近年のわが国の急激な食生活の変化は，食品衛生に関しても従来の考え方では対応しきれない多くの問題をもたらしている．われわれが食品から被る危害として，図11.1のようなものがあげられる．また，加工食品が消費者の口に入るまでの経路を図11.2に示す．加工食品が衛生的に好ましくない何らかの汚染や変質を受ける可能性は，原材料食品から食物の保存・流通経路のどの段階にでも起こりうる．さらに，汚染や変質の種類も，先に記したすべての危害が考えられる．

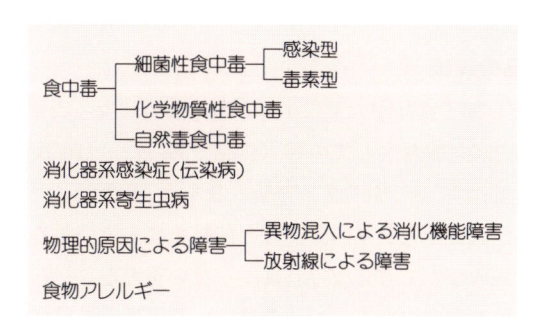

図11.1　食品からの危害

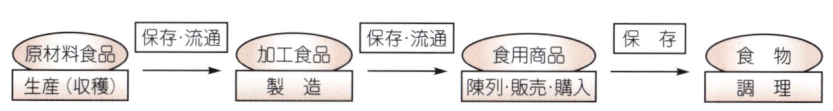

図11.2　加工食品が消費者の口に入るまでの経路

食品添加物の ポジティブリスト方式

指定食品添加物は指定制度に基づいて指定されるもので，原則として使用が認められている食品添加物は個々に指定し，指定されていない食品添加物は食品に使用することができない．この食品添加物の指定は，厚生労働大臣が，薬事・食品衛生審議会の意見を聞いて，人の健康を損なうおそれがない場合として定めることになっている．このように使用することができるもののリストをつくって公表する方法を，ポジティブリスト方式という．

（1）食品添加物

現在，わが国における日常の食物の大半は商品化された加工食品であり，これらのほとんどのものに，その製造過程で何らかの食品添加物が使用されている．したがって，加工食品の安全性を考える場合，食品添加物に関する正確な知識をもっていなければならない．食品添加物とは，食品衛生法で「食品の製造の過程において，または食品の加工もしくは保存の目的で，食品に添加，混和，浸潤その他の方法によって使用するもの」と定義されている．すなわち，食品の製造過程において，食品の加工もしくは保存の目的で食品に加えられるものは，すべて食品添加物である．食品添加物はその使用によって，（1）衛生的な安全性が損なわれないことが実証されていること，（2）何らかの利益が消費者にもたらされること，（3）目的にかなった効果が期待できるものであること，（4）添加された食品を分析すれば検出，確認できる物質であること，を原則としている（1965年 FAO，WHO の合同勧告）．

わが国では，化学的合成品や天然添加物などの製造法の違いにかかわらず，食品添加物の安全性と有効性を確認して厚生労働大臣が指定した「指定添加物」，長年使用されてきた実績のある天然添加物として品目が決められている「既存添加物」のほかに，「天然香料」や「一般飲食物添加物」に分類されている．

なお，「天然香料」はりんごや緑茶，乳などの動植物から得られる着香を目的とした添加物で，一般に使用量が微量であり長年の食経験で健康被害がないとして使用が認められてきたものである．また，「一般飲食物添加物」はオレンジ果汁の着色や，こんにゃくの成分であるマンナンの増粘などの目的で一般に食品として飲食に供されてきたものである．今後，新たに使用される食品添加物については，すべて食品安全委員会による安全性の確認を受け，厚生労働大臣の指定を受けることになっている．

おもな食品添加物の種類と用途例を表11.1に示す．

（2）輸入食品
（a）輸入食品の現状

1964年ごろから加工食品が大量に生産されるようになったが，この加工食品の氾濫を促進したのは食材としての輸入食品であった．わが国における輸入食品の移り変わりを図11.3，加工食品の輸入量を表11.2に示す．輸入食品の増加は，長い間築かれてきた日本の食文化と伝統を変えつつある．

このような状況のなかで考えなければならない重大なこととして，農作物に残留する農薬の毒性問題がある．近代農業は，驚異的な人口増加に伴って激増している世界の食糧需要を支えるために農薬の消費量が増大し，抑制できない現状にある．すでに先進諸国では，1960年代に残留毒性の危険な農薬類の使用禁止や用途制限措置をとっているが，深刻な飢餓問題を抱えている発展途上国などでは，その有害性を憂慮しつつも，全面使用禁止に踏み切れないのが現状である．輸入食品に対する依存度の高いわが国では，このような問題にも対処

表 11.1 食品添加物の種類と用途例

種　類	目的と効果	食品添加物例
甘味料	食品に甘味を与える	キシリトール アスパルテーム
着色料	食品を着色し，色調を調整する	クチナシ黄色素 食用黄色4号
保存料	かびや細菌などの発育を抑制し，食品の保存性をよくし，食中毒のリスクを減らす	ソルビン酸 しらこたんぱく抽出物
増粘剤，安定剤，ゲル化剤，糊料	食品に滑らかな感じや，粘り気を与え，分離を防止し，安定性を向上させる	ペクチン カルボキシメチルセルロースナトリウム
酸化防止剤	油脂などの酸化を防ぎ保存性をよくする	エリソルビン酸ナトリウム ミックスビタミンE
発色剤	ハム，ソーセージの色調を改善する	亜硝酸ナトリウム 硝酸ナトリウム
漂白剤	食品を漂白し，白く，きれいにする	亜硫酸ナトリウム 次亜硫酸ナトリウム
防かび剤（防ばい剤）	かんきつ類などのかびの発生を防止する	オルトフェニルフェノール ジフェニル
イーストフード	パンのイーストの発酵をよくする	リン酸三カルシウム 炭酸アンモニウム
ガムベース	チューインガムの基材に用いる	エステルガム チクル
香料	食品に香りをつけ，魅力を増す	オレンジ香料 バニリン
酸味料	食品に酸味を与える	クエン酸(結晶) 乳酸
調味料	食品にうま味などを与え，味を調える	L-グルタミン酸ナトリウム 5′-イノシン酸二ナトリウム
豆腐用凝固剤	豆腐をつくるときに豆乳を固める	塩化マグネシウム グルコノデルタラクトン
乳化剤	水と油を均一に混ぜ合わせる	グリセリン脂肪酸エステル 植物レシチン
pH調整剤	食品のpHを調節し品質をよくする	DL-リンゴ酸 乳酸ナトリウム
かんすい	中華めんの食感，風味を出す	炭酸カリウム ポリリン酸ナトリウム
膨張剤	ケーキなどをふっくらさせ，ソフトにする	炭酸水素ナトリウム 焼ミョウバン
栄養強化剤	栄養素を強化する	ビタミンA 乳酸カルシウム
その他の食品添加物	その他，食品の製造や加工に役立つ	水酸化ナトリウム 活性炭，プロテアーゼ

日本食品添加物協会，「もっと知ってほしい　食品添加物のあれこれ(平成23年度版)」，日本食品添加物協会(2011)，p.28.

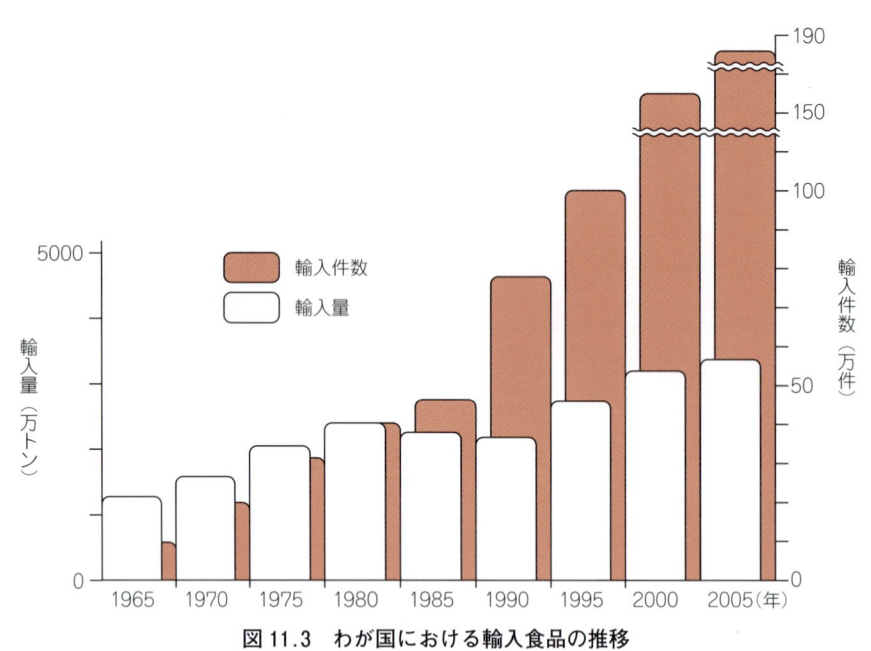

図11.3 わが国における輸入食品の推移
厚生労働省医薬食品局食品安全部企画情報課検疫所業務管理室,「輸入食品監視統計」(平成17年).

表11.2 わが国における加工食品の輸入量

年　度	1980	1985	1990	1995	2000	2005
輸入量(千トン)	462	555	1,133	1,525	1,578	1,740
指　数	100	120	245	330	342	377

1980年の輸入量を100とする.
(財)食品産業センター,「食品工業の主要指標」.

しなければならない.

　最近, 農作物の商品価値を高める目的で, 収穫後の農作物を化学薬品で処理するポスト・ハーベスト処理が問題となっている. またPCBやDDTのように生体から排出されにくい汚染物質は, 食物連鎖を通ることによって, より末端に位置する生物へ濃縮移行されていく. 食品を介して抗生物質を摂取すると, 耐性菌の出現や菌交代症を招くばかりでなく, アナフィラキシーショックを起こすおそれがある. そのほかにも, 飼料から間接的に汚染する可能性のある食肉(乳, 卵)の衛生問題などにも配慮しなければならない.

　1986年4月に旧ソ連ウクライナ共和国, キエフ市北方でチェルノブイリ原発事故が起こった. この事故で放出されたストロンチウムは, 化学的にカルシウムと似た性質があるため骨に対して親和性が高く, 骨髄の造血機能を障害する作用がある. 各国政府も農畜産物に対する消費, 流通の禁止ないし制限などの緊急措置を行って対応したが, 放射能被曝の影響の判定には, 今後長い年月にわたる調査と観察が必要であろう.

ポスト・ハーベスト処理
日本では認められていないが, アメリカやオーストラリアでは収穫後の農薬散布が認められている. 貯蔵中に虫が出たり, かびがはえて食物に支障をきたさないように, 穀物や豆類を収穫してサイロ(貯蔵庫)に貯蔵するとき, マラソンなどの殺虫剤をかけてから貯蔵する. このような農薬処理をすれば2年くらいは保存が可能であるといわれている.

（b）表示の問題

たとえば，二重国籍食品の場合の表示があげられる．「MADE IN THAILAND」と明記されているせんべいがダンボール箱で輸入され，これを輸入した国内の食品メーカーがしょうゆ味で焼き上げ小売包装し，国産品のせんべいとして販売している．また，チェルノブイリ原発事故の際には，厚生省が汚染された地域と品目を指定し，輸入食品の放射能検査を厳重にしたが，それが一度汚染地域外の第三国に輸出され加工されると原産国はその第三国となり，放射能の検査は行われなくなるのである．

また輸入食品では，ほとんどが「製造年月日」ではなく「輸入年月日」が表示されている．とくに，添加物の表示にも注意しなければならない．輸入食品検査で摘発されたものの中では添加物の違反が最も多く，現品に外国語で記載された添加物名が，日本語の表示では主要なものだけになっている場合があり，すべてを正確に表示することが望まれる．

（c）輸入食品の食品添加物

輸入食品中の食品添加物が問題となった例として，毒入りワイン事件がある．有毒物であるジエチレングリコールの添加を輸入商社が隠し，国内に入ってからこの事実が発覚した．この事件では同時に，外国産ワインを樽で輸入して国産品と混ぜ，「国産ワイン」として売っている事実も明るみに出た．このような添加物の違反には次の四つのケースがある．すなわち，①無許可添加物の含有，②指定外食品の含有，③過量使用，④過量残留である．さらに，食品添加物の種類や使用基準は，国ごとに異なるため，産地国では合法的な食品でも，わが国では違法処分を受ける事例も少なくないので注意する必要がある．

（d）細菌・かびによる汚染

コレラ菌に汚染された輸入食品は毎年のように発見され，軽視できない状況にある．また食中毒を引き起こすさまざまな細菌汚染も報告されている．おもな事例として，イラン産のピスタチオからアフラトキシンが基準以上に検出され輸入が禁止された（1989年）．アフラトキシンは，亜熱帯地方産の穀物，豆，香辛料などにのみ繁殖するかびがつくる，最も恐ろしい天然発がん物質の一つである．

（e）放射能による汚染

放射能汚染のおそれがある食品は，とくに人体への影響が軽視できない．放射能は人体に蓄積し，一世代の発がんにとどまらず，次世代にも影響をもたらす可能性があるからである．大量に消費されているスパゲティやマカロニなどは，ヨーロッパ産でも第三国を経由して輸入されたものはチェックされていない場合が考えられる．

（f）抗生物質，ホルモン

牛，豚，鶏の飼育やうなぎ，えびなどの養殖では，病気の予防と成長促進のために抗生物質やホルモン剤が使われ，食肉への残留が問題となっている．飼

料に添加されたこれらの薬剤が動物体内で濃縮されて残留するのである．抗生物質入りの食肉は，毎年かなり検出されている．

（g）輸入食品の安全性への取組み

現在，輸入食品に対する安全対策として，以下のことが実施されている．

① **輸出国における対策**：食品添加物や食品規格基準に関する違反などは，輸出国において，わが国の食品衛生法に合致するように製造加工をすればその大半は防止できる．

② **輸入時・国内流通時における監視対策**：国産品・輸入品を問わず，食品衛生法に基づく食品衛生監視員による監視指導が実施されている．国は輸入時の検査結果や情報を地方自治体に提供し，また地方自治体は輸入食品の検査結果を国に提出し，相互の情報交換を行って，安全対策がたてられている．

③ **輸入業者の自主衛生管理**：輸入に直接携わる業者が，自ら食品衛生法に合致するものを輸入しなければならない．そのために，輸入業者は，食品衛生法に基づく規制や知識の吸収に努める必要がある．さらに，輸入業者は輸出国の製造・加工業者や輸出業者に輸入食品の規格基準の情報を提供し，輸入時に違反とならないものが輸出されるように予防措置をとることが必要である．

（3）組換え食品
（a）食糧問題

現在，地球上の絶対飢餓人口は8億人に達している．アフリカなどの発展途上国では，飢餓と低栄養に起因するさまざまな疾病により多数の生命が失われている．世界の人口は，21世紀後半までに現在の約2倍の100億人近くになると予測され，とくに，中国，東南アジアおよびアフリカにおける急激な人口増加が，世界的な食糧危機をもたらす可能性がある．しかも，耕地の拡大による食糧増産は難しく，人口増大の抑制も困難である．

一方，先進諸国は飽食状態にあり，高度な機能性，加工性や健全性をもった食品の開発が積極的に進められている．さらに先進諸国では，過食や偏食により，肥満，がん，糖尿病，動脈硬化，高血圧などの生活習慣病が増加し，とくに高齢化社会を迎えているわが国では大きな社会問題になりつつある．また食アレルギーも増加の傾向にあり，解決が待たれている．このように世界の食糧事情は，飢餓地域と飽食地域の二つに分極しており，食糧の不均等分配にも問題がある．

現在と将来のこのような食糧事情から，食糧の大幅な質的（栄養性，加工性，保存性，安全性，生理機能性，嗜好性）および量的（生産性）改変が必要となり，従来の食糧ならびにその生産法に依存しない抜本的な技術開発が必要とされている．遺伝子操作を主体としたバイオテクノロジー（生物工学）は，種をこえた多くの動植物の性質を遺伝子レベルで改変することを可能にした．この技術によってつくられる**遺伝子組換え食品**を，今後の食糧として実用化することが課題となってきている．

(b) 現在の遺伝子組換え食品

遺伝子組換え農作物の開発が最も進んでいる国はアメリカである．開発対象は，大豆，なたね，じゃがいも，とうもろこしなどであり，おもに除草剤耐性農作物，害虫抵抗性農作物を作出している．世界の遺伝子組換え作物の栽培面積は，主要作物における商業栽培が始まった 1996 年に 170 万 ha だったのが，2009 年には，日本の耕地面積の約 29 倍に当たる 1 億 3400 万 ha にまで増えている．

現在，遺伝子組換え食品は実用化がはかられているが，ある生物の遺伝子をそのまま作物に導入して作出されたもので，わが国では 8 種 168 品目が認可されている(表 11.3)．遺伝子組換え食品に使われる作物は，たとえば図 11.4 に示す害虫抵抗性とうもろこしである．自然界に存在する害虫を殺す微生物の遺伝子(害虫を殺すたんぱく質をつくる遺伝子)をとうもろこしに入れる．とうもろこし中において微生物の遺伝子が働き，たんぱく質がつくられる．これを食べた害虫は死ぬが，人間への影響はなく，農薬を使わなくても害虫に強い作物が多収量得られるというものである．

表 11.3 厚生労働省が安全性を確認した遺伝子組換え農作物

農産物	品種数	性 質
大豆	9	除草剤耐性，高オレイン酸形質
じゃがいも	8	害虫抵抗性，ウイルス抵抗性
菜種	18	除草剤耐性，雄性不稔性，雄性回復性
とうもろこし	102	害虫抵抗性，除草剤耐性
わた	24	除草剤耐性，害虫抵抗性
てん菜	3	除草剤耐性
アルファルファ	3	除草剤耐性
パパイヤ	1	ウイルス抵抗性

2011(平成23)年12月1日現在．
(用途) 大豆：大豆油，しょうゆ，豆腐など；なたね：なたね油；じゃがいも：冷凍フライドポテト；とうもろこし：コーンスターチ，家畜飼料など．綿：綿実油など．

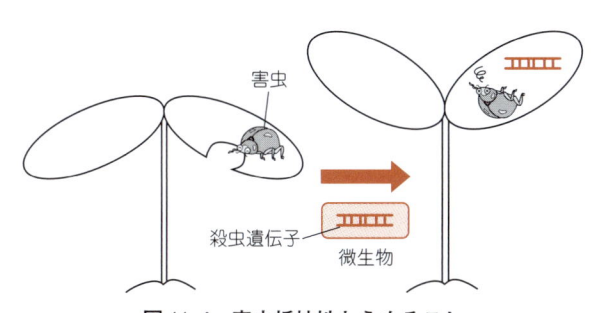

図 11.4 害虫抵抗性とうもろこし

（c）安全性評価

　遺伝子組換え食品については，厚生省(当時)の「組換えDNA技術応用食品・食品添加物の安全性評価指針(平成3年策定)」に基づき，1994(平成6)年に初めて遺伝子組換え技術を利用して作成された食品添加物の安全性の確認がなされ，それ以来，多くの遺伝子組換え食品および食品添加物の安全確認が行われてきた．しかしながら，従来は法律に基づかない任意のしくみとなっており，すでに遺伝子組換え食品は国際的にも広がっている現状で，今後さらに新しい食品の開発が進むことも予想され，安全性未審査のものが国内で流通しないように，食品衛生法の規定に基づく食品，添加物の規格基準の改正が行われ，2001(平成13)年4月より遺伝子組換え食品等の安全性審査が法的に義務づけられた．一方，国際的にも，コーデックス委員会において遺伝子組換え食品の安全性評価の実施に関するガイドライン等が作成された．

　2003(平成15)年7月，食品安全委員会の新設とともに，遺伝子組換え食品の安全性評価が厚生労働省の求めに応じて，食品安全委員会においてなされることとなった．しかしながら，消費者への理解を得るためにも遺伝子組換え食品の科学的な安全性評価の実行と情報の公開，そして理解しやすい形での社会的啓蒙が必要である．

（d）表示の問題

　遺伝子組換え食品の安全性論議における最も大きな争点は，表示の問題であったが，わが国では，遺伝子組換え作物(食品)への表示が義務づけられていなかった．農林水産省は1999年8月に，JAS法(農林物資の規格化および品質表示の適正化に関する法律)を改正して遺伝子組換え食品の表示制度を盛り込むことを決め，2001年4月からJAS法と食品衛生法に基づき，加工食品の品質表示基準に従った遺伝子組換え食品の表示制度がスタートし，現在は表示が義務づけられている．

（e）遺伝子組換え食品のゆくえ

　今後の世界的な食糧危機やさまざまな食源性疾患の増大を考えれば，多様な可能性を秘めた遺伝子組換え食品の開発への期待はきわめて大きいだろう．しかし，遺伝子組換え食品のような新食品の生産や消費に対しては，安全性を確認し，環境を維持しながら生産性の向上と機能の改善を発展させる必要がある．また，遺伝子組換え食品に関する科学的情報を広く公開することによって，一般社会の啓蒙と理解を促すことが必要である．

11.2　食中毒

（1）食中毒発生状況

　食中毒は，食品衛生法で，「食品，添加物，器具もしくは容器包装に起因する健康障害」と示されている．また食中毒の原因は，腸炎ビブリオやサルモネラなどの細菌性，メタノール，ヒ素，シアン化合物などの化学物質性，ふぐ毒，

有毒きのこ，じゃがいもの発芽部位や緑色部に存在するソラニンなどの動物性および植物性の自然毒に分けられているが，発生件数，患者数ともにほとんどが細菌性食中毒である．食中毒細菌は，感染型と毒素型に大別される．

わが国の衛生的環境は近年著しく改善され，世界的にも最高の水準に達しているといわれているが，食中毒に関しては，その致死率は激減したものの，年間の罹患者数は以前とほとんど変わらない．季節的には高温多湿の盛夏から初秋にかけて（7～9月）の発生件数が最も多く，気温の低下する秋から冬にかけては減少するというパターンが繰り返されている．

わが国で通常発生する主要な食中毒の病原体を表 11.4 に示した．わが国では水産食品を多食する食習慣があるため，これまでは海洋性起源（好塩性）の腸炎ビブリオを原因菌とするものが圧倒的に多かった．しかし，前述のように輸入食品が食卓の過半を占めるようになった今日では，サルモネラ菌やカンピロバクターによる食中毒発生件数が増加の傾向を示しており，これ以外の食中毒菌や変敗原因菌（ウェルシュ菌，セレウス菌など）による食中毒も増加の傾向にある．また，患者数で最も多いのがノロウイルスによる食中毒である．病因物質別食中毒発生状況を表 11.5 に示す．さらに，穀類や果実製品を汚染しやすいかび類の毒素（マイコトキシン類）は，発がん性があり憂慮されている．

食の"国際化"に伴って，今後，食中毒原因菌の多様化傾向が広がっていく可能性は十分考えられるので，その対策の強化が必要である．

（2）おもな細菌性食中毒

（a）腸炎ビブリオ食中毒

腸炎ビブリオ（*Vibrio parahaemolyticus*）はグラム陰性の海水中に生息する細菌で，30～37℃を好む中温菌である．10℃以下では増殖は抑制され，冬季は

表 11.4 わが国のおもな食中毒菌

食中毒菌名	グラム*染色体	べん毛の有無	菌の形状（大きさμm）	O_2要求性	胞子形成	中毒型	潜伏期間（時間）	症状継続期間（日）
サルモネラ菌	−	+	桿菌（2～3×0.5）	±	−	感染	12～24	1～2
腸炎ビブリオ	−	+	桿菌（3×0.6～0.8）	±	−	感染	5～20	1～3
病原性大腸菌	−	−	桿菌（3×0.5）	±	−	感染・毒素	4～24	
黄色ブドウ球菌	+	−	球菌（0.8～1.0）	±	−	毒素	1～8	1/4～1
ボツリヌス菌	+	+	桿菌（5×1）	−	+	毒素	24～72	1～3 死亡の場合は 1～8

*ある種のロザニリン色素（メチルバイオレットなど）で細菌の細胞を染色後，有機溶媒（アセトン，アルコールなど）で脱色を行うとき，脱色されないものをグラム陽性（＋），脱色されるものをグラム陰性（−）とよぶ．陽性と陰性の違いは細胞壁の化学構造の違いに基づくものであり，グラム染色性は細菌分類の重要な基準の一つである．

表 11.5　病因物質別食中毒発生状況　(平成22年)

		件　数	患者数	死者数
総数		1,254	25,972	−
細菌	総数	580	8,719	−
	サルモネラ属菌	73	2,476	−
	ブドウ球菌	33	836	−
	ボツリヌス菌	1	1	−
	腸炎ビブリオ	36	579	−
	腸管出血性大腸菌(VT産生)	27	358	−
	その他の病原大腸菌	8	1,048	−
	ウェルシュ菌	24	1,151	−
	セレウス菌	15	155	−
	エルシニア・エンテロコリチカ	−	−	−
	カンピロバクター・ジェジュニ/コリ	361	2,092	−
	ナグビブリオ	−	−	−
	コレラ菌	−	−	−
	赤痢菌	1	2	−
	チフス菌	−	−	−
	パラチフスA菌	−	−	−
	その他の細菌	1	21	−
ウイルス	総数	403	14,700	−
	ノロウイルス	399	13,904	−
	その他のウイルス	4	796	−
化学物質		9	55	−
自然毒	総数	139	390	−
	植物性自然毒	105	337	−
	動物性自然毒	34	53	−
その他		28	29	−
不明		95	2,079	−

海底で越冬するといわれている．また，腸炎ビブリオは好塩性で生育に3〜5％の食塩を要求し，37℃で培養すると8〜10分で分裂する．したがって，夏季にこの菌が魚介類を汚染したり(一次汚染)，あるいは他の食品に二次汚染したときは，急速に菌が増殖して，中毒を引き起こす菌数(10^6〜10^8)にまで達する可能性がある．この菌による食中毒を防止するためには，夏季には生の魚介類はつねに10℃以下に保存するか，加熱することが必要である．

(b) サルモネラ食中毒

サルモネラ(*Salmonella, sp*)はグラム陰性で腸内細菌群に属し，ヒトを含め動物が汚染源となっている．ヒトの食中毒に関するサルモネラ菌の中にはネズミチフス菌(*S. typhimurium*)，ニワトリチフス菌(*S. pullorum*)，ブタチフス菌(*S. choleraesuis*)などのように動物固有の病原菌も存在するが，大部分はこれらの動物に対して病原性を示さず，動物はこの食中毒の伝播に関与するといわれている．その結果，汚染度の高い肉を扱った調理器具や水などによって二次汚染された食物が原因となり，食中毒を起こす可能性が高い．したがって，腸

炎ビブリオと同じように，原因食品を特定することは困難である．近年，輸入食品の増加に伴い，日本の食生活において畜産食品の占める割合は増加傾向にあり，これに関連してサルモネラ菌による食中毒も増加している．

（c）黄色ブドウ球菌食中毒

黄色ブドウ球菌(*Staphylococcus aureus*)はグラム陽性の細菌で，ヒトを宿主とする化膿性疾患の病原菌である．この菌で汚染された手指で食品を扱い適温に放置すると菌は増殖する．食品内に毒素を生成する毒素型の食中毒菌でもある．ブドウ球菌が生成する毒素は，"エンテロトキシン"といわれる耐熱性の毒素と，細胞毒毒素の二つに大きく分けられる．感染型の病原菌の場合は，汚染された食品を加熱調理すれば食中毒を起こすことはないが，エンテロトキシンはその成分がたんぱく質であるにもかかわらず100℃で加熱しても不活性化せず，また腸内のプロテアーゼによっても分解されにくいので，加熱調理をしても食中毒を引き起こす．

（d）ボツリヌス菌食中毒

ボツリヌス菌(*Clostridium botulinum*)はグラム陽性の嫌気性菌(偏性嫌気性)であり，毒素型である．生成する毒素により菌はA～Gの7型に分けられ，そのうちのA，B，E，Fの4型がヒトに食中毒を起こさせ，死亡率はきわめて高い．この菌は土壌中に広く生息する．とくにA型菌は耐熱性の胞子(120℃，4分で死滅)をつくり，1984年のからしれんこん中毒事件(29人中11人死亡)の原因菌でもある．

（e）病原性大腸菌食中毒

大腸菌(*Escherichia coli*)はグラム陰性菌で腸内細菌の一種であり，本来は病原性をもたないが，一部には中毒を引き起こすものが存在している．病原性大腸菌は，現在，表11.6に示す5種類に分類されている．

1996年に記録的な食中毒を発生させた大腸菌O157は，わずか10～100以下の菌数でも感染するといわれるほど感染力が強く，溶血性尿毒症を併発して

O157の名前の意味

この菌は，腸管出血性大腸菌に分類され，菌体表層にある二つの抗原群(免疫を誘発する物質群で，O抗原とH抗原がある)の分析によって，173種類あるO抗原の157番目であることから，O157と命名されている．

表 11.6 病原性大腸菌の分類

分 類	潜伏期間	特 徴
病原血清型大腸菌(腸管病原性大腸菌) (Enteropathogenic *E. coli*：EPEC)	12～72時間	下痢原性，下痢(水様性または一部粘液を伴う)，発熱，倦怠感，嘔吐
組織侵入性大腸菌(腸管侵入性大腸菌) (Enteroinvasive *E. coli*：EIEC)	1～5日	腸管粘膜上皮細胞に侵入，赤痢と同様の病態(しぶり腹)，下痢，腹痛，発熱
毒素原性大腸菌 (Enterotoxigenic *E. coli*：ETEC)	12～72時間	エンテロトキシン(LT，ST)を生産，LTはコレラ毒素と類似，腹痛，下痢(水様性)
腸管出血性大腸菌 (Enterohemorrhagic *E. coli*：EHEC)	4～8日	ベロ毒素生産，腸管出血，VT1は赤痢菌毒素と類似，腹痛，下痢(水様性)
腸管付着性大腸菌(腸管集合性大腸菌，腸管凝集接着性大腸菌) (Enteroadherent *E. coli*：EAEC)	1～5日	腸管に付着，長期の下痢を引き起こす，下痢(粘液を含む水様性)，腹痛

死に至る場合もあるので注意が必要である．大腸菌 O 157 は，6 種類のベロ毒素を生産するが，ヒトに毒性を示すのは 2 種類である．一つは赤痢菌の毒素ときわめて高い類似性を示すものであり，他方は，免疫科学的性質が異なるものである．大腸菌 O 157 が体内に入り，腸内で細胞に付着してこれらの毒素を生産することによって，腸内の細胞が死滅し，血便を引き起こす．

（f）カンピロバクター食中毒

カンピロバクター（*Campylobacter jejuni*）に汚染された飲料水や食品の喫食によって起こる感染型の食中毒である．主な症状は下痢，腹痛，発熱（38℃ 以上）であり，サルモネラ症と似ているが，下痢はしばしば出血を伴う．原因食品は，鶏肉およびその加工品で年間を通じて発生するが，春季と秋季に比較的発生頻度が高い．

（g）ウェルシュ菌食中毒

耐熱性 A 型ウェルシュ菌（*Clostridium perfringens*）に汚染された食品の喫食によって起こる．芽胞形成時に産生するエンテロトキシンが食中毒の原因因子である．食肉および魚介類などのたんぱく質性食品を利用した煮物が原因食品となる場合が多い．

（h）ノロウイルス食中毒

ノロウイルス（Norovirus）とは非細菌性急性胃腸炎を引き起こすウイルスの一種で，カキなどの貝類による食中毒の原因によるほか，感染したヒトの糞便や嘔吐物，あるいはそれらが乾燥したものから出る塵埃を介して経口感染する．ノロウイルスによる集団感染は世界各地の学校や養護施設などで散発的に発生している．

11.3　将来の加工食品における安全性の問題

1947 年に食品衛生法が制定され，それに伴い規制体制が整備され，それまで多く発生していた有毒物質の混入による食中毒などの悪質事例はほとんど起こらなくなった．その後，ヒ素混入粉乳（1955）や PCB 汚染食用油（1968）などの大規模な中毒事件が発生し，加工食品の安全性の重要さを広く認識させる契機となった．しかし，現在でも食品添加物をはじめ，輸入食品，組換え食品，食中毒において，解決しなければならない多くの問題がある．またわが国を含む世界の先進地域は，今世紀の後半，著しい経済発展を遂げたが，一方では各種産業廃棄物による深刻な環境汚染問題に直面している．環境ホルモンの問題も含め，重金属をはじめとする有害廃棄物による環境汚染は，いまや地球規模にまで拡大している．これらは水・陸圏の生態系に深刻な影響を及ぼし，われわれ人類の食糧の安全性までを脅かすに至っている．今後，食糧問題は全世界における問題として考えていかなければならないであろう．

指定伝染病に指定された病原性大腸菌 O157

おもに牛の腸管に生息する．このため牛肉や牛糞が付着した食品が原因となることが多い．発熱，下痢，腹痛，吐き気，嘔吐などの症状を示す．O157 が生産するベロ毒素は腸管から吸収され，溶血性尿毒症や溶血性貧血などを引き起こし，ときには死に至る場合もある．

練習問題

次の文を読み，正しいものには○，誤っているものには×をつけなさい．

（1）ポスト・ハーベスト処理とは，収穫後，貯蔵中に虫やかびなどによる危害を防ぐためにマラソンなどの農薬をふりかけることである．　重要

（2）遺伝子組換え食品の性質には，除草剤耐性，害虫抵抗性などがある．

（3）細菌性食中毒の発生期間は，7～9月に最も多く，気温の低下する秋から冬にかけては減少するというパターンがくり返されている．

（4）食中毒は，その原因により細菌性，化学物質，自然毒に分けられるが，発生件数が最も多いのは自然毒によるものである．

（5）腸炎ビブリオは好塩性で，これによる食中毒の原因食品は主として魚介類である．　重要

（6）ボツリヌス菌は偏性嫌気性で，いずしなどで食中毒が発生する．　重要

（7）ブドウ球菌は耐熱性のエンテロトキシンを生成するので，加熱調理を行っても中毒が起こる．　重要

（8）サルモネラは好気性で，この菌による食中毒の原因食品は主として穀類，豆類加工食品である．

（9）病原性大腸菌O157のベロ毒素は，溶血性尿毒症などを引き起こす．　重要

（10）食品添加物は，JAS法に基づいている．　重要

（11）指定添加物は，農林水産大臣が指定する．　重要

（12）天然香料は，食品添加物に該当する．　重要

（13）栄養強化の目的で使用した添加物については，表示が免除される．　重要

章末練習問題・解答

問題番号	1	2	3	4	5	6	7	8	9	10	11	12	13	14	15	16	17	18	19	20
2章	×	×	○	×	○	×	○	×	○	○	×	×	○	×	○	○	×	○	×	○
3章	○	×	×	×	×	○	○	×	×	×	×	×	○	×	○	×	○	×	○	○
4章	○	×	×	×	○	○	×	×	×	×	○	×	×	×	×	×	○	×	○	○
5章	×	○	×	×	×	×	×	×	×	×	×	○	×	○	×	×	×	×	×	○
6章	×	×	×	×	○	×	×	×	×	×	○	×	×	×	×	×	○	○	×	×
7章	×	○	×	×	○	×	×													
8章	×	○	×	×	×	×	○	×	○	×	○	○	○	×	×	×	○	×	×	○
9章	×	○	×	×	○	×	×	×	×	×	×	×	×	×	×	×	×	×	○	×
10章	×	×	×	×	×	○	×	×	○	×	○	×	×	○	×	○	○	○	○	×
11章	○	○	○	×	○	○	○	×	○	×	×	○	○							

参 考 書 ──もう少し詳しく学びたい人のために

1章

高宮和彦,「食品材料ハンドブック(食品学各論補訂版)」, 培風館(1993).

辻英明, 小西洋太郎 編,「食品学：食べ物と健康」,〈栄養科学シリーズ NEXT〉, 講談社(2007).

3章

農林水産省, 品質表示基準一覧　http://www.maff.go.jp/j/jas/hyoji/kijun_itiran.html

「食肉加工ハンドブック」, 天野慶之ほか 編, 光琳(1980).

沖谷明鉱 編,「肉の科学」,〈シリーズ食品の科学〉, 朝倉書店(1996).

上野川修一 編,「乳の科学」,〈シリーズ食品の科学〉, 朝倉書店(1996).

中村良 編,「卵の科学」,〈シリーズ食品の科学〉, 朝倉書店(1998).

中江利孝 編,「乳・肉・卵の科学」, 弘学出版(1986).

クレインプロデュース 編,「チーズ工房」, 平凡社(1989).

フィールド・アンド・リバー・アソシエーション 監,「ハム・ソーセージの本」, ソニー・マガジンズ(1986).

4章

渡邊悦生 編著,「水産食品デザイン学──新製品と美味しさの創造──」, 成山堂書店(2004).

小泉千秋, 大島敏明 編,「水産食品の加工と貯蔵」, 恒星社厚生閣(2005).

5章

「調味料の基礎知識」, 枻出版社(2010).

伏木亨,「コクと旨味の秘密」, 新潮社(2005).

山崎春栄,「スパイス入門」, 日本食糧新聞社(2008).

6章

「食の教科書　日本全国"酒"図鑑」, 枻出版社(2010).

7章

矢野俊正, 桐栄良三 監,「混合と成形」,〈食品工学基礎講座4〉, 光琳(1990).

「高圧バイオテクノロジー」, 功刀 滋, 林 力丸 編,「高圧バイオテクノロジー」, さんえい出版(1998).

中島一郎,「初心者のための食品製造学」, 光琳(2009).

8章

粕川照男,「食品保存の知恵」, 研成社(1985).

今井克宏,「燻製　料理と技法」, 柴田書店(1991).

日本食品添加物協会技術委員会 編,「食品添加物表示ポケットブック　平成23年版」, 日本食品添加物協会(2011).

伊藤三郎 編,「果実の科学」, 朝倉書店(1991).

9章

日本缶詰協会レトルト食品部会 編,「レトルト食品を知る」, 丸善(1996).

10章

全国食品安全自治ネットワーク食品表示ハンドブック作成委員会事務局, 群馬県食品安全局 編「くらしに役立つ食品表示ハンドブック──全国食品安全自治ネットワーク版(第4版)」, 群馬県(2011).

参考書

11章

宮川金二郎ほか,「微生物学」,〈食品・栄養シリーズ〉, 化学同人(1986).

ブラック著, 林英生ほか監訳,「微生物学」, 丸善(2007).

本田武司ほか,「食中毒」, 法研(1997).

上野良治,「イラスト版輸入食品のすべて」, 全税金労働組合・税関行政研究会合同出版 (1991).

青木健次 編著,「微生物学」,〈基礎生物学テキストシリーズ4〉, 化学同人(2007).

白石淳, 小林秀光 編,「食品衛生学(第2版)」,〈エキスパート管理栄養士養成シリーズ〉 化学同人(2007).

索　引

あ

IQF	105
アイスクリーム	35
アイスミルク	35
IPA	43, 61
赤みそ	64
アガロース	56
アガロペクチン	56
赤ワイン	82
──の製造工程	82
アクチン	48
足	48
味付けのり	56
あずきあん	85
アスパルテーム	72
圧搾法	59, 60
圧抽法	59, 60
油揚げ	14
アフラトキシン	147
油焼け	45, 47
あぶり焼き	46, 49
甘口みそ	64
アミノ酸	48
α-アミラーゼ	71
アミロース	5
アルギン酸	55
アルコール飲料の分類	80
アルコール発酵	67
アレルギー食品の表示	132
α 化米	6
合わせ調味料	69
あん	84, 85
安全性評価	150
安定剤	33
イオン交換膜	69
いか	
──の燻製の製造工程	55
──の塩辛の熟成と消化酵素	52
イコサペンタエン酸	43, 61
異性化糖	71
いちごジャム類	20
一次加工食品	2
萎凋	78
一括表示事項	131
一般飲食物添加物	144
遺伝子組換え食品	148
──の表示	132
糸引納豆	15
炒取り法	61
5′-イノシン酸	48, 55
イノシン酸ナトリウム	69
EPA	43, 61
いわし油	61
インスタントコーヒー	79
インスタント食品	3, 87
インスタント卵スープ	39
インディカ米	5
飲用牛乳	30
──の衛生規格	31
──の製造工程	32
──の成分	31
ウイスキー	83
ウインタリング	60
ウォッカ	83
ウコン	73
淡口しょうゆ	66
ウスターソース	69
──の製造工程	68
うま味調味料	69
ウーロン茶	78
エイコサペンタエン酸	43, 61
栄養機能表示	135
栄養機能食品	133
栄養表示基準制度	136
液化ガス凍結法	45
液燻法	55
液種生地法	9, 10
液卵の殺菌条件	38
エクストルーダー	87, 95
枝肉	25
エバポレーター	101
エマルションのタイプ	62
MA 包装	112
LL 牛乳	33
塩漬液	26
塩漬技術	25
塩蔵	101
塩蔵品	101
──の製造工程	51
O 157	153
黄色ブドウ球菌	153
オーバーラン	35
おぼろ昆布	55
オリーブ油	60
温燻法	55
温蔵殺菌	38
温度	
──係数	103
低温障害──	104
凍結貯蔵──	45

か

加圧乾燥	94
外装	117
害虫抵抗性農作物	149
解凍	105
カカオニブ	80
カカオバター	80
カカオマス	80
カカオ豆	79
化学的加工	91
化学物質性食中毒	143, 150
角砂糖	71
加工食品	2
──の輸入量	146
加工乳	33
加工歩留り	5
果実	
──飲料の分類	21
──の呼吸パターン	112
可食性フィルム	121
菓子類の種類	84
ガス殺菌	108
ガス置換	113
かつお節	47, 48
──の製造工程	48
カップリングシュガー	71
カード	33, 35
果糖	71
加糖練乳	34
カード分離	33
カートン包装	125
かに	
──缶詰の内装紙	53
──風味かまぼこの製造方法	51
加熱	27
──乾燥	101
──殺菌	32, 108
かび	
──付け	48
──による汚染	147
こうじ──	65, 66

索引

釜炒り茶	78
かまぼこ	
——の製造工程	49
紙容器	119
亀節	48
下面酵母	82
カラギーナン	55
辛口みそ	64
辛子	73
ガラスびん	118
過量残留	147
過量使用	147
かるかん粉	6
寒ざらし粉	6
乾式溶出法	61
感染型細菌性食中毒	151
乾燥	26, 32, 94, 100
——食品	88, 94
——粉末卵	37
——肉	30
缶詰	6, 53, 54, 89, 109
——食品	109
寒天	56
寒梅粉	6
カンピロバクター	154
含みつ糖	70
甘味料の分類	70
乾めん	11
がんもどき	14
規格基準型	133
既存添加物	144
気体遮断性	120
絹ごし豆腐	13
機能性表示食品	135
気密性	110
逆浸透圧濃縮	101
逆浸透法	93
キャンデー菓子	86
キャンデーの分類	87
牛脂	61
吸湿剤	113
吸着	92
牛肉の大和煮	30
牛乳	33
飲用——	30～32
LL——	33
求肥粉	6
擬乳	32
強力粉	8, 9
魚介類	
——の処理形態	44

——の凍結工程	45
玉露	78
魚醬油	53
魚肉ソーセージの製造工程	50
魚油	57, 61
魚卵	52
筋原繊維たんぱく質	48, 50
均質化	31
5′-グアニル酸	55
グアニル酸ナトリウム	69
空気凍結法	45
串団子	85
クライマクテリック・ライズ	111
グラニュー糖	70
グリチルリチン	72
クリーミング性	63
クリーム	33, 34
——セパレーター	33
グルコアミラーゼ	71
グルコシルスクロース	71
グルコースイソメラーゼ	71
グルコマンナン	16
グルタミン酸ナトリウム	55, 69
グルテン	7
グレーズ	45
——処理	105
燻煙	26, 55, 107
——技術	25
——成分	107
——の効果	107
——方法の種類	107
燻製	54
鶏卵	36～40
——加工品の製造工程	37
計量法	137
ケーシング充てん	26, 27
結合水	99
結さつ	26
減圧加熱濃縮	32
減圧貯蔵	113
減塩しょうゆ	66
限外ろ過法	93
健康強調表示	135
原産地	131
玄米	5
——の組織図	5
濃口しょうゆ	66
——の製造工程	67
高圧蒸気釜(レトルト)	108
高アミロース米	5
高温殺菌	109

高温性細菌	103
硬化油	56, 61
こうじ	65
——かび	65, 66
高湿度	111
高周波殺菌	108
香辛料	72
公正競争規約	137
厚生省による安全性評価	150
合成酢	67
抗生物質	146
酵素反応	104
いかの塩辛の熟成と消化——	52
紅茶	79
——の製造工程	79
高度機能強調表示	135
高度不飽和脂肪酸	61
酵母	80
香米	5
氷砂糖	71
凍り豆腐	14
ココア	79
こしょう	72
個装	117
コーデックス	129
コーヒー	79
コピー食品	51
5分つき精米	6
個別評価型	133
ごま油	60
小麦	
——断面	7
——でんぷん	12
小麦粉	
——の種類と用途	8
——の用途別分類	9
米	5～7
米酢	67
——の製造工程	68
米みそ	64
——の製造工程	65
コーラ	80
コールドチェーン	107
混合	26, 92
——プレスハム	28
混成酒	80
コンチング	86
混捏	92
コンビーフ	30
昆布	55
コーンフラワー	12

コーンミール	12	シート状加工卵	39	食品添加物	132, 144
		シナモン	73	——の種類	145

さ

		篩別	92	——の用途例	145
細菌	103	脂肪球	31	輸入食品の——	147
——による汚染	147	脂肪酸		食品表示法	130
細菌性食中毒	143, 151	必須——	59	食品包装	
最大氷結晶生成帯	45, 104	不飽和——	61	——材料の要件	117
最適CA貯蔵条件	112	飽和——	61	——用プラスチックフィルム	120
材質識別マーク	141	煮熟	47, 48	植物性たんぱく質	12
酒米	5	JAS(日本農林規格)		食用油脂	59
酢酸発酵	67	——規格制度	127	——の原料と油脂含量	59
桜もち	85	——規格品目一覧	129	食糧問題	148
サッカリン	72	——マーク	129	除草剤耐性農作物	149
殺菌	32, 37, 108～110	ジャポニカ米	5	ショ糖	70
——剤	108	ジャム類の分類	21	ショートニング	63
——条件	38	充てん	26	——の製造工程	62
——と除菌	108	自由水	99	白玉粉	6
——法の種類	108	熟成ソーセージ類	28	白双糖	71
——料	114	熟成ハム類	28	白しょうゆ	66
雑節	47	熟成ベーコン類	28	白みそ	64
砂糖	70	酒精酢	67	白ワイン	82
——漬け	102	受乳検査	30	真空乾燥	95
——の分類	70	旬	4	——食品	95
サフラン	73	準強力粉	9, 10	真空濃縮	101
サラダ油	60	条件付き特定保健用食品	137	真空包装の方法	122
サラダドレッシング	63	蒸煮	27	新式しょうゆ	66
サルモネラ菌	152	上新粉	6	浸漬凍結法	45
三温糖	71	醸造酢	67	酢	67, 68
酸化反応	104	焼酎	83	水産乾燥品の種類	46
酸化防止剤	114	上白糖	71	水産乾燥品の製法	46
三次加工食品	3	蒸発濃縮	101	水産缶詰	53
CA貯蔵	111	消費期限	132, 133	——の種類	54
塩漬け	45, 47, 101	賞味期限	132, 133	水産食品	43
——処理	50	上面酵母	82	水産練り製品の種類	49
塩納豆	14	しょうゆ	66	水洗	26
塩抜きわかめ	56	上用粉	6	水素添加	61
紫外線	111	薯蕷まんじゅう	85	水中油滴型	33, 62, 63
——殺菌	108	蒸留	92	水中油滴型乳化	34
直捏ね生地法	9, 10	蒸留酒	80	水分活性	99
嗜好飲料	77	除菌	108	スターター	35
自己消化	43	食塩	69	酢漬け	102
自然乾燥	94	食中毒	150～154	ステビオシド	72
自然毒食中毒	151	——発生状況	152	スナック菓子	87
7分つき精米	6	食肉加工品の製造工程	26	スパゲティ	11
七味唐辛子	74	食肉缶詰	30	素干しわかめ	55
湿式溶出法	61	食品		スポーツドリンク	80
疾病危険要因(リスク)低減表示	133, 135	——の乾燥法	94	スポンジ化	49
指定外食品	147	——の等温吸湿脱湿曲線	99	すり身	48
CTC紅茶	79	——の氷結点	104	坐り	49, 50
指定添加物	144	——の表示制度	127	生産情報公表JASマーク	130
		食品衛生法	133	清酒	80

索引

清酒の製造工程	81
生鮮魚介類冷凍品	43
製造工程	
赤ワインの――	82
いかの燻製――	55
飲用牛乳の――	32
ウスターソースの――	68
塩蔵品の――	51
かつお節の――	48
かまぼこの――	49
魚肉ソーセージの――	50
鶏卵加工品の――	37
濃口しょうゆの――	67
紅茶の――	79
米酢の――	68
米みその――	65
食肉加工品の――	26
ショートニングの――	62
清酒の――	81
煎茶の――	78
即席カレーの――	74
大豆製品の――	15
乳製品の――	32
パック詰め鶏卵の――	37
ビールの――	81
マーガリンの――	62
まぐろ缶詰の――	54
マヨネーズの――	63
静置式レトルト	109
生乳	30
生物的加工	91, 96
製粉	7
精米	5
――工程	6
5分つき――	6
7分つき――	6
赤外線殺菌	111
接触式凍結法	45
セモリナ	8, 10
ゼリー化	20
セロハン	119
全脂粉乳	34
煎茶	78
――の製造工程	78
鮮度	44
送風凍結法	45
即席カレー	74
――の製造工程	74
即席めん	11
ソース	68
――の概念	68

ソーセージ類	28, 29, 50
――の特徴	29
――の分類	29
ソルビトール	72

た

第三次機能	55
大豆製品の製造工程	15
大豆たんぱく質	15
大豆たんぱく食品	13
大腸菌	153
耐熱性	110
耐熱性A型ウェルシュ菌	154
多孔質化	45
脱酸素剤	123
脱脂乳	33
脱脂粉乳	34
脱水作用	54
脱糖処理	38
立て塩漬け法	101
卵	35～40
卵豆腐	40
たまりじょうゆ	66
たれ類	69
段階式製粉方法	8
単行複発酵酒	80
たんぱく質	12, 48, 56
単発酵酒	80
地域食品認証基準	139
地域食品認証制度	137
地域推奨品表示適正化認証制度	139
チーズスターター	32
チーズプレス	35
窒素ガス置換包装	122
茶	77～79
――のカフェイン	78
――のビタミンC	78
――の分類	77
着色性香辛料	73
着色米	5
チャーニング	33, 34
中温性細菌	103
中華めん	11
中間水分食品	100
抽出	92
――法	59, 60
中白糖	71
中力粉	8, 10
腸炎ビブリオ	151
丁字	73

調味食品	64
調理加工済食品	3
チョコレート	86
チルド	106
――食品	106
漬けもの	17
――の塩分濃度	17
つなぎ剤	26
低アミロース米	5
DHA	43, 61
TFS缶	118
低塩化	102
低温	111
定温管理流通JASマーク	130
低温殺菌	109
低温障害	104
――温度	104
低温性細菌	103
手延そうめん	11
転化糖	71
添加物	113, 144
電気透析法	93
電磁波の種類	111
低脂肪乳	34
電子レンジ	124
碾茶	78
天然香料	144
てんぷら油	60
テンペ	15
等温吸湿脱湿曲線	99
唐辛子	72
凍結	
――液卵	38
――乾燥	89, 95
――乾燥食品	95
――障害	104
――速度	45
――速度と魚肉内の氷	44
――貯蔵温度	45
――濃縮法	96, 101
――粉砕法	96
搗精	5, 92
豆乳	14
豆腐	13
道明寺粉	6
特殊みそ	64
毒素型細菌性食中毒	151
特定JASマーク	130
特定保健用食品	133
特別用途食品	133
ドコサヘキサエン酸	43, 61

索引

心太	56
トマト加工品	18
ドメスチックソーセージ	28
留添	81
ドライソーセージ	28
ドリップ	45, 105
ドレッシング	63
とろろ昆布	55
トンカツソース	69
豚脂	61

な

内装	117
中添	81
中種生地法	9, 10
ナチュラルチーズの分類	36
納豆	14
ナノろ過法	93
生めん	11
肉の熟成	25
肉ひき	26
二次加工食品	2
二重国籍食品	147
日本そば	11
乳酸菌飲料	34
乳清	33, 35
乳製品	30
——の衛生規格	31
——の製造工程	32
——の成分	31
乳等省令	133, 134
乳糖分解乳	34
熱燻法	107
熱風乾燥	95
練り上がりあん	84
練合せ	26
練りようかん	85
濃厚乳	34
濃縮	32, 89, 93, 101
——エキス	56
——魚たんぱく質	56
——操作	93
農林物資	127
ノロウイルス	154
ノンファットミルク	34

は

胚芽米	6
灰干し	56
パウチ	124
パオチョン茶	79
薄力粉	8
パーシャルフリージング	44, 106
パスタ	11
パスツリゼーション	108
バター	34
——粒子	33
カカオ——	80
はちみつ	72
発芽抑制	110
パック詰め鶏卵	36, 37
——の重量基準	36
——の製造工程	37
発酵	33
——食品	2
——茶	77
——乳	34
アルコール——	67
酢酸——	67
初添	81
発泡性飲料	80
バニラ	73
パプリカ	74
ハム類	27〜29
——の主要な規格	27
——の分類	27
パン	8〜10
——生地	8
——の製造工程系統図	10
番茶	78
ハンバーガーパティ	30
半発酵茶	77
ビスケット	86
微生物の利用	96
ビターチョコレート	80
ピータン	38
ピックル法	26
必須脂肪酸	59
ヒートシール性	110, 119, 122
ひねり包装	119
非発泡性飲料	80
ビーフタロー	61
ビーフン	7
被膜乾燥	95
——食品	95
日持ち向上剤	114
ピュリファイヤー	8
氷温貯蔵	44, 106
氷結晶	104
氷結点	104
食品の——	105
氷結率	104
標準化	31
病原性大腸菌	153
——O157	153
——の分類	153
ビール	81
——酵母	82
——の製造工程	81
品質表示基準制度	128
義務づけ	130
びん詰食品	89, 109
ふ(麩)	12
風味調味料	69
袋詰食品	109
節類	47
ふすま	7
普通みそ	64
物理的加工	91
不当景品類および不当表示防止法	137
ぶどう酢	67
ブドウ糖	71
不発酵茶	77
不飽和脂肪酸	61
ブライン	45
——処理凍結法	45
プラスチック	119
ブランチング	18, 105
ブランデー	83
ブリキ缶	118
フリーザーチェーン	107
ふり塩漬け法	101
フリージング	33
パーシャル——	44, 106
篩い分け	92
ふるさと認証食品制度	139
プレスハム	28
——の基準	29
——の主要な規格	29
プレミックス	11
フレンチドレッシング	63
プロセスチーズ	35
粉砕	91
乾式——	91
湿式——	91
粉食	7
粉末油脂	63
分みつ糖	70
噴霧乾燥	32, 88, 95
——食品	95
分離	92

163

索引

- 分類
  - アルコール飲料の—— 80
  - 果実飲料の—— 21
  - 甘味料の—— 70
  - キャンデーの—— 87
  - 小麦粉の用途別—— 9
  - 砂糖の—— 70
  - ジャム類の—— 21
  - ソーセージ類の—— 29
  - 茶の—— 77
  - ナチュラルチーズの—— 36
  - ハム類の—— 27
  - 病原性大腸菌の—— 153
  - ベーコン類の—— 28
- 並行複発酵酒 80
- 米飯缶詰 6
- ベーコン 27
  - ——類の主要な規格 28
  - ——類の分類 28
- ヘット 61
- 膨化米 5
- 防かび剤，防ばい剤 113
- 芳香性香辛料 73
- 放射線殺菌 108
- 放射線照射による品質保持効果 110
- 放射能汚染 147
- 包装 117
- 防腐効果 54
- 泡沫乾燥 95
- 飽和脂肪酸 61
- ホエー 33
- 保健機能食品 133, 135
- 乾し飯 6
- ポジティブリスト方式 144
- ポスト・ハーベスト処理 146
- 保存料 113
- ボツリヌス菌 153
- ポテトチップ 16
- ホルモン 147
- 本直し 68
- 本節 48
- 本みりん 68

ま

- マイクロ波 124
  - ——加工卵 39
  - ——殺菌 111
- マーガリン 61
  - ——の製造工程 62
- マカロニ類 11
- 膜濃縮 32
- まぐろ缶詰の製造工程 54
- 磨砕 91
- マッシュポテト 16
- 豆みそ 64, 66
- マヨネーズ 40, 63
  - ——の製造工程 63
  - ——の配合 63
- ミオシン 48
- 水あめ 71
- 水さらし 49
- みそ 64〜66
- みりん 68, 83
- 麦みそ 65
- 無許可添加物 147
- 無菌化包装 123
- 無菌包装（アセプティック包装） 123
- 蒸し切干しさつまいも 17
- 無洗米 6
- 無糖練乳 34
- 滅菌と除菌 108
- メープルシロップ 72
- めん 10
- 木材（木箱） 118
- もち粉 6
- もめん豆腐 13
- もろみ 81

や

- 焼きのり 56
- 厄 11
- 野菜ジュース 18
  - ——の定義 19
- やまのいも 50
- 有機酸の影響 103
- 有機JASマーク 129
- 有機農産物 129
- 油脂
  - 食用—— 59
  - 粉末—— 63
- 油中水滴型 62
- ゆで卵 38
- 湯煮 27
- 輸入食品 144
  - ——の安全性 148
  - ——の現状 144
  - ——の食品添加物 147
  - ——の推移 146
  - ——の表示 147
- 湯抜きわかめ 56
- 湯葉 14
- 容器包装リサイクル法 121, 141
- 横型円筒研削式精米機 5

ら

- 擂潰 91
- ラクトアイス 35
- ラード 61
- ラミネート化 119
- 卵黄油 37
- 卵黄リポたんぱく質 40
- 卵黄レシチン 37
- 卵殻カルシウム 37
- リコピン 1
- リゾチーム 37
- リファイニング 86
- 硫化変色 118
- 粒食 7
- 緑茶 78
- りんご酢 67
- 冷燻法 55, 107
- 冷蔵，冷蔵食品 106
- 冷凍 104
  - ——食品 3, 89, 104, 123
  - ——すり身 49
  - ——品 43, 105
  - ——変性防止剤 46
  - ——野菜 18
- レギュラーコーヒー 79
- レトルト 108, 123
  - ——殺菌 109
  - ——食品（容器包装詰加圧加熱殺菌食品） 88, 123
  - ——食品の包装構成材料 124
  - ——パウチ 119
  - ——米飯 7
  - ——容器 123
  - 静置式—— 109
- 練乳 34
- レンネット 33, 35
- ろ過 92
- ろ過除菌 108
- ローファットミルク 34
- ロールエッグ 39

わ

- ワイン 82
- わかめ 55
- ワーキング 33

●執筆者紹介●

松井徳光(まつい とくみつ)
愛媛大学大学院連合農学研究科修了
武庫川女子大学食物栄養科学部教授
農学博士

瀬口正晴(せぐちまさはる)
東北大学農学部卒業
神戸女子大学名誉教授
農学博士

八田 一(はった はじめ)
大阪市立大学理学部卒業
京都女子大学家政学部教授
理学博士

西村公雄(にしむらきみお)
京都大学大学院農学研究科修了
同志社女子大学生活科学部特任教授
農学博士

島田和子(しまだかずこ)
京都大学大学院農学研究科修了
山口県立大学名誉教授
農学博士

(執筆順)

新 食品・栄養科学シリーズ

食べ物と健康3　**食品加工学**(第2版)

第1版	第1刷	2003年3月31日
第2版	第1刷	2012年3月31日
	第15刷	2025年2月10日

編　者　西村　公雄
　　　　松井　徳光
発 行 者　曽根　良介

検印廃止

JCOPY 〈出版者著作権管理機構委託出版物〉
本書の無断複写は著作権法上での例外を除き禁じられています．複写される場合は，そのつど事前に，出版者著作権管理機構（電話 03-5244-5088, FAX 03-5244-5089, e-mail: info@jcopy.or.jp）の許諾を得てください．

本書のコピー，スキャン，デジタル化などの無断複製は著作権法上での例外を除き禁じられています．本書を代行業者などの第三者に依頼してスキャンやデジタル化することは，たとえ個人や家庭内の利用でも著作権法違反です．

発 行 所　（株）化学同人
〒600-8074　京都市下京区仏光寺通柳馬場西入ル
編 集 部　Tel 075-352-3711　Fax 075-352-0371
企画販売部　Tel 075-352-3373　Fax 075-351-8301
振替 01010-7-5702
e-mail webmaster@kagakudojin.co.jp
URL https://www.kagakudojin.co.jp
印刷・製本　（株）太洋社

Printed in Japan © K. Nishimura, T. Matsui 2012　無断転載・複製を禁ず　ISBN978-4-7598-1117-9
乱丁・落丁本は送料小社負担にてお取りかえします．

ガイドライン準拠 新 食品・栄養科学シリーズ

- ガイドラインの改定に準拠した内容．国家試験対策にも役立つ．
- 各巻B5，2色刷で見やすいレイアウト．

社会・環境と健康 ——公衆衛生学
川添禎浩・吉田 香 編

人体の構造と機能及び疾病の成り立ち
生化学 第2版
福田 満 編

食べ物と健康❶
食品学総論 第3版
森田潤司・成田宏史 編

基礎栄養学 第5版
灘本知憲 編

食べ物と健康❷
食品学各論 第3版
瀬口正晴・八田 一 編
食品素材と加工学の基礎を学ぶ

応用栄養学 第5版
福渡 努・岡本秀己 編

食べ物と健康❸
食品加工学 第2版
西村公雄・松井徳光 編

栄養教育論 第6版
中山玲子・宮崎由子 編

食べ物と健康❹
調理学 第3版
木戸詔子・池田ひろ 編

給食経営管理論 ——新しい時代のフードサービスとマネジメント 第5版
中山玲子・小切間美保 編

食べ物と健康❺
新版 食品衛生学
川添禎浩 編

詳細情報は，化学同人ホームページをご覧ください．
https://www.kagakudojin.co.jp

～ 好評既刊本 ～

栄養士・管理栄養士をめざす人の 基礎トレーニングドリル
小野廣紀・日比野久美子・吉澤みな子 著
B5・2色刷・168頁・本体1900円
専門科目を学ぶ前に必要な化学，生物，数学（計算）の基礎を丁寧に記述．入学前の課題学習や初年次の導入教育に役立つ．

大学で学ぶ 食生活と健康のきほん
吉澤みな子・武智多与理・百木 和 著
B5・2色刷・160頁・本体2200円
さまざまな栄養素と食品，健康の維持・増進のために必要な食生活の基礎知識について，わかりやすく解説した半期用のテキスト．

栄養士・管理栄養士をめざす人の 調理・献立作成の基礎
坂本裕子・森美奈子 編
B5・2色刷・112頁・本体1500円
実習系科目（調理実習，給食経営管理実習，栄養教育論実習，臨床栄養学実習など）を受ける前の基礎づくりと，各専門科目への橋渡しとなる．

図解 栄養士・管理栄養士をめざす人の 文章術ハンドブック ——ノート、レポート、手紙・メールから、履歴書・エントリーシート、卒論まで
西川真理子 著／A5・2色刷・192頁・本体2000円
見開き1テーマとし，図とイラストをふんだんに使いながらポイントをわかりやすく示す．文章の書き方をひととおり知っておくための必携書．